半導體地緣政治學

2030
半導体の地政学
戦 略 物 資 を 支 配 す る の は 誰 か

太田泰彦
Yasuhiko Ota
卓惠娟 譯

野人

地球觀 75

半導體地緣政治學

2030 半導体の地政学
戦略物資を支配するのは誰か

作者　太田泰彥
譯者　卓惠娟

野人文化股份有限公司
社長　張瑩瑩
總編輯　蔡麗真
責任編輯　陳瑾璇
協力編輯　余鎧瀚、劉子韻
專業校對　林昌榮
行銷企劃經理　林麗紅
行銷企劃　蔡逸萱、李映柔
封面設計　萬勝安
內頁排版　洪素貞、黃暐鵬

讀書共和國出版集團
社長　郭重興
發行人兼出版總監　曾大福
業務平臺總經理　李雪麗
業務平臺副總經理　李復民
實體通路組　林詩富、陳志峰、郭文弘、王文賓、賴佩瑜
網路暨海外通路組　張鑫峰、林裴瑤、范光杰
特販通路組　陳綺瑩、郭文龍
電子商務組　黃詩芸、李冠穎、高崇哲
專案企劃組　蔡孟庭、盤惟心
閱讀社群組　黃志堅、羅文浩、盧煒婷
版權部　黃知涵
印務部　江域平、黃禮賢、李孟儒

出　版　野人文化股份有限公司
發　行　遠足文化事業股份有限公司
地址：231 新北市新店區民權路 108-2 號 9 樓
電話：（02）2218-1417　傳真：（02）8667-1065
電子信箱：service@bookrep.com.tw
網址：www.bookrep.com.tw
郵撥帳號：19504465 遠足文化事業股份有限公司
客服專線：0800-221-029
法律顧問　華洋法律事務所　蘇文生律師
印　製　博客斯彩藝有限公司
初版首刷　2022 年 9 月
初版二刷　2022 年 9 月

ISBN　978-986-384-779-3（平裝）
ISBN　978-986-384-777-9（PDF）
ISBN　978-986-384-778-6（EPUB）

國家圖書館出版品預行編目（CIP）資料

半導體地緣政治學／太田泰彥作；卓惠娟譯 .
－初版 . －新北市：野人文化股份有限公司出版：遠足文化事業股份有限公司發行，2022.09
面；　公分 . －（地球觀；75）
譯自：2030 半導体の地政学：戦略物資を支配するのは誰か
ISBN 978-986-384-779-3（平裝）
1.CST: 半導體工業 2.CST: 地緣政治
3.CST: 國際競爭
484.51　　111012982

野人文化
官方網頁

野人文化
讀者回函

半導體地緣政治學

線上讀者回函專用 QR CODE，你的寶貴意見，將是我們進步的最大動力。

目次

第六章　日本東山再起

第七章　隱藏的主角

關鍵玩家一覽表

中國

華為（Huawei） 遭到美國制裁的通訊設備製造商

海思半導體（Hisilicon） 華為半導體的子公司

紫光集團（Tsinghua Unigroup） 曾為中國最強的半導體企業（*二〇二一年七月九日宣告破產重組）

中芯國際集成電路製造（SMIC） 中國政府扶植的晶圓代工廠

中微半導體設備（AMEC） 中國最強的半導體設備製造商

長江存儲科技（YMTC） 紫光集團旗下的記憶體大廠

BAT 中國網路三巨頭（百度、阿里巴巴、騰訊）

台灣

台灣積體電路製造，簡稱台積電（TSMC） 握有先進加工技術的全球最大晶圓代工廠

韓國

三星電子（Samsung Electronics） 韓國最大半導體製造商（設有晶圓代工部門）

SK海力士（SK Hynix） 韓國第二大半導體製造廠

新加坡

EDB（經濟發展局） 負責招攬外國企業的政府機構

美國

蘋果公司（Apple） 自行開發晶片的強大資訊終端製造大廠

超微半導體（AMD） 僅次於英特爾的中央處理器（CPU）大廠

應用材料公司，簡稱應材（AMAT） 全球最大的半導體製造設備和服務供應商

英特爾（Intel） 全球最大的半導體公司（*二〇二一年為三星取代，現居第二），能夠自行生產晶片

威騰電子（Western Digital） 與日本鎧俠合作的記憶體大廠

輝達（NVIDIA） 擅長圖形處理器的無廠半導體公司

高通（Qualcomm） 強項為手機專用晶片的無廠半導體公司

格羅方德（GlobalFoundries, FG） 美國最大晶圓代工廠

美光科技（Micron Technology） 美國最大的記憶體大廠

GAFA 自行開發晶片的四大平台巨擘，包括Google、Amazon、Facebook、Apple

IBM 同時經營晶片開發、量子電腦的資訊大廠

歐洲

安謀控股（ARM） 開發、設計電子電路的英國無廠半導體企業

艾司摩爾（ASML） 荷蘭半導體設備製造商，全球最大晶片微影設備市場的翹楚

IMEC（愛美科） 比利時非營利研究機關

英飛凌科技（Infineon） 從西門子獨立出來的德國半導體製造廠

恩智浦半導體（NXP Semiconductors） 前身為飛利浦半導體，飛利浦分支出來的荷蘭半導體企業

意法半導體（STMicroelectronics） 以法國、義大利為核心的半導體製造廠

日本

NTT 提出「IOWN構想」（一種「光電融合技術」）的電信業者

鎧俠（Kioxia，舊「東芝記憶體」） NAND快閃記憶體的全球大廠

索思未來科技（Socionext） 專門生產高階專用晶片的無廠半導體企業

d.lab／RaaS 東京大學與台積電合作的半導體研究計畫

東京威力科創（Tokyo Electron） 日本最大半導體設備商

富士通（Fujitsu） 開發超級電腦「富岳」晶片的通訊系統製造大廠

三菱電機（Mitsubishi Electric） 主力為國防相關、功率半導體的綜合電機製造廠

瑞薩電子（Renesas Electronics） 整合三菱電機、日立、NEC電子的通用晶片大廠

半導體地緣政治關係圖

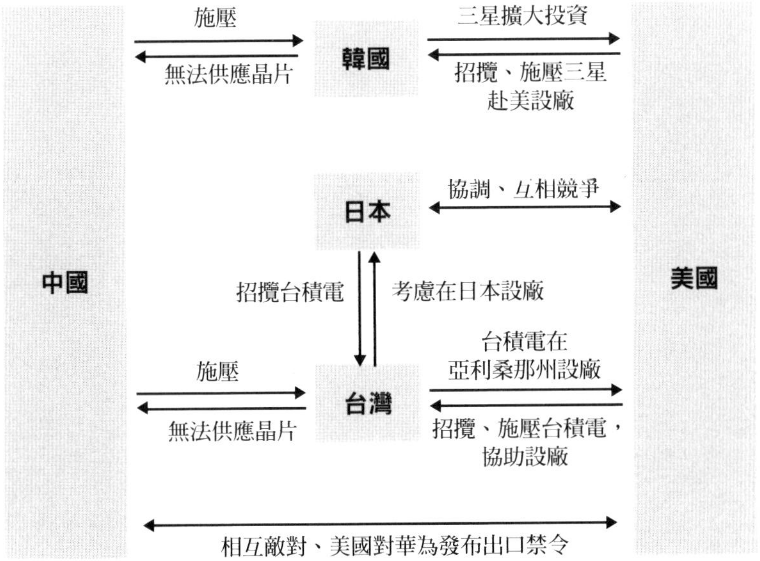

（出處）作者製表

本書所有「*」符號處，皆為繁體中文版之注解。

*半導體（Semiconductor）：

在室溫下，其電阻係數介於良導體與絕緣體之間的物質，如：矽、鍺、砷等等。在一般日常及新聞用語中，「半導體」是指各種現代電子裝置中的基本組件。

*晶圓（Wafer）：

指以半導體製成的矽晶圓片，是製作晶片的基板，由於形狀為圓形，故稱為晶圓。按直徑分為6吋、8吋、12吋等規格；直徑愈大，可生產的積體電路（IC）就愈多，對技術的要求也愈高。

*積體電路（IC, Integrated Circuit）：

一種在晶圓上製作電子電路的技術。將許多電子元件如電晶體、電阻以及二極體的體積縮小而濃縮製造在晶圓上，形成電路。

*晶片（Chip）：

晶片是一種由矽元素所構成的半導體元件，是積體電路的載體，故又可稱為積體電路晶片（IC Chip）。

將晶圓加工切割後，即可製成多個晶片，但因過程非常繁複細密，形成龐大的下游產業鏈。

目前（二〇二二年九月）最先進的晶片為3奈米製程（奈米製程指的是電晶體閘極寬度的大小，數字愈小對應電晶體密度愈大，性能愈高，技術要求也愈高）。

序章

白宮司令塔

2021年2月24日，美國總統拜登在白宮發表演講時手持晶片。
（© Doug Mills ／ Pool ／ Getty Images）

1 從羅斯福廳揭開序幕

拜登的半導體執行長高峰會

二〇二一年四月十二日午後

美國第四十六任總統喬・拜登（Joseph Robinette Biden Jr.），在白宮西廂的「羅斯福廳」一現身，立刻在長桌的一端坐了下來。

平時會議室都坐滿了官員及助理，這天卻僅有三、四個人出席，取而代之的是長桌旁設置的巨大電視螢幕。

坐在拜登左側的是白宮國安顧問傑克・蘇利文（Jake Sullivan），蘇利文隔壁則是面前攤開厚厚一大冊資料的商務部長吉娜・雷蒙多（Gina Raimondo）。正襟危坐在他們對面的則是白宮國家經濟會議（NEC）主席布萊恩・狄斯（Brian Deese）。這些人是拜登政府負責經濟政策、安全保障政策的要角。

白宮將這次會議稱為「半導體執行長高峰會」。大型螢幕中切割成一格一格的畫面裡，是出席視訊會議的十九位企業經營者，包括：Google、美國通用汽車（General Motors）、福特汽車（Ford Motor）、英特爾（Intel Corp）、美光科技（Micron Technology）……在拜登慷慨陳詞之際，與會全員都帶著莫測高深的神情聆聽。

美國已不具備壓倒性優勢

拜登先讀了一封他當天收到的來函，這封信來自參眾兩院的七十二名跨黨派國會成員。

「中國共產黨正以極具侵略性的計畫，大舉重整並主導半導體供應鏈。」

信中的遣詞用字充滿怒意，數次指名批判中國。文中一再出現「CCP」三字，指的正是中國共產黨（Chinese Communist Party）。

「您與國會合作制定了完整的半導體政策，以加強美國對中國的競爭力，我們懇切地請求您支持國會提出的預算案，編列給半導體產業的補助資金至少必須達到原始法案中提議的金額。美國必須盡全力提升經濟競爭力、加強國家韌性，強化國家安全。」

拜登讀信之際，在「國家安全」這幾個字眼特別加重語氣。他露出一臉「議員的主張正合我意」的神情，並且高舉手中事前準備好的半導體晶圓——那是美國製造的晶圓。

拜登借用議員所寫的書信，而非自己寫就的文章，但信中的內容與他自身的想法不謀而合。他手上的晶圓在燈光的反射下，閃耀著彩虹般的光芒。

「這才是國家的基盤！」

二十一世紀的國家基礎設施，不再是二十世紀前的道路、橋樑等建設，半導體才是要角。在半導體供應鏈的競賽中，美國不能被中國超前，而美國已不具備壓倒性優勢——拜登在演說中透露出這樣的焦慮。

「中國和世界各國都不會停下腳步，美國也不應該停下。」

拜登表明了他的決心，美國與中國對峙的主戰場是半導體產業。政府、國會與產業界必須團結一心，傾一國之力打團體戰來對抗中國，而負責指揮作戰的，正是白宮。

「美國將再次領導全世界。」

從這一天起，華盛頓加速了半導體產業的補救行動。

2 半導體不再等於廉價的白米

阻斷供應鏈，就能使敵國崩裂瓦解

本書希望從地緣政治學的觀點，探討以半導體領域為核心的國際政治及產業變化。半導體是工業產品，同時也具有政治上的獨特意義，不僅是支撐經濟的棟梁，也可以作為脅迫敵對國家的武器。

傳統的地緣政治學，是思考地理條件對國際政治會產生什麼影響，從陸地地形或海洋位置關係，來分析國家、民族間發生的紛爭或生存的策略。

戰爭基本上就是「掠奪土地的競賽」。回顧歷史就可知道，世界各國巧取豪奪，正是為了圖謀更廣闊的領土、取得更好的生存空間。而「國際政治」則是透過提高軍事能力、巧妙運用外交策略，來確實捍衛所統治的土地，不受敵國脅迫。

優秀的戰略家能夠分析對戰況有利的關鍵地勢，比敵方更早洞悉哪裡該攻、何處該守——也許是難以攻佔的山岳地帶，又或是海上運輸起點的灣岸。

那麼，現代的地緣政治學又是什麼呢？光是掌控陸地或海洋的地理位置，未必能取得優勢。霸權競爭的另一個舞台，是交換數位資訊的網路空間。

能夠承載虛擬資訊、處理電子資訊的材料，唯有半導體。

半導體產業的戰略價值升高，已成為考量國際情勢不可或缺的要素。不僅美國和中國，台灣、韓國、新加坡、德國等，舉凡感受到世界飄盪著不安氛圍的各國，紛紛加速強化自身的半導體產業。大家都認為，在亂世中防守國家的力量，正操控在小小的晶片上。

拜登在半導體執行長高峰會上說的這一席話，可謂無庸置疑。

半導體是製造業、服務業不可或缺的零件。缺乏半導體，將會摧毀人類現在的生活。半導體可以說是在肉眼看不見之處，支撐社會的基礎建設。

半導體既然是基礎建設，一個國家也能藉由掌控供應鏈，使敵國崩裂瓦解，因此未來的戰爭除了核武和飛彈，斷絕半導體的供應，或許將是更有效的攻擊手段。

科技平台賴以為生的心臟部位

讓我們試著瞭望二〇三〇年——在由大數據驅動的社會中，主角是稱為「平台」

（Platform）的企業群。

美國四大科技巨頭「GAFA」Google、蘋果、臉書、亞馬遜將更加強大；中國的阿里巴巴集團、騰訊控股等也會成長更多吧？只要政府沒有過度介入，他們的規模一定能比現在更大。

這些科技巨頭把蒐集而來的資訊儲存在資料中心。容納大量伺服器及儲存設備的資料中心，隱身在全球各個角落。

請再試著回想一下二十世紀的產業樣貌。普魯士王國的首相俾斯麥曾說「有鐵才有國」，當時國力的象徵是鋼鐵業。

高聳直立的煉鐵高爐，具有壓倒性的存在感，仰望熔爐最頂端，令人彷彿看見了鋼鐵公司的心臟。

身為現代重點產業的平台業者，其心臟則是資料中心，組成心臟的一個個細胞，正是半導體晶片。

一輛車最少需要三十種晶片，豪華汽車則需要搭載一百種以上的半導體晶片。雖然不是晶片愈多性能就愈佳，但若電動車更為普及，半導體的任務無疑將更加重要。更進一步說，如果不需要人類操作的自動駕駛普及化，汽車將有如以半導體組合的電器產品。

一九八〇年代半導體被稱為「產業的白米」，讓人聯想到大規模生產的廉價通用電子零件，但今後將不再是如此。隨著社會的數位化轉型（DX, Digital Transformation），為了因應各種不同性質的工作，專用晶片就會有少量生產的需求。半導體的開發方法、製作方法也將幡然改變吧？半導體已不再只是「白米」。

3 新冷戰時代的戰略物資

半導體實力，等同於國家的軍事實力

半導體的另一個重要意義也絕不能忘記，那就是作為左右國家安全保障的戰略物資。以軍事武器為例，二〇三〇年時搭載ＡＩ晶片的機器人軍武或無人機，將成為理所當然的配備。作為國防生命線的通訊網路，如果缺乏能夠高速處理情報的半導體，就無法發揮作用。因此，如果說高機密性的專用晶片決定一國軍事力量的強弱，絕非言過其實。

作為軍事攻擊關鍵的飛彈也是一樣。有「航母殺手」之稱的極音速飛彈，速度達五至十馬赫，因速度過快而難以迎擊，很可能顛覆遊戲規則，使得航空母艦的力量無用武之地。而控制飛彈中樞的，就是為此設計的半導體晶片。

二〇二一年三月底，北朝鮮接二連三試射的飛彈，一般認為是開發中的極音速飛彈，據說中國軍方也成功試射了相同的飛彈。若是發展成正式的軍備，南海、東海的軍事平衡恐怕將會崩壞。飛彈上搭載的半導體，究竟是誰開發的？又是從哪裡取得的呢？

更令人憂心的，是連這些飛彈或航空母艦都無法匹敵的新武器，已經開始運用在實際戰事中。二〇二〇年九月，夾在黑海與裏海之間的高加索地區，發生了亞塞拜然與亞美尼亞兩陣營間的「半導體之戰」。

決定勝負關鍵的，是亞塞拜然投入偵察用的無人機。亞塞拜然得到鄰國土耳其軍隊支援，無人機得以從土耳其與亞美尼亞兩國邊境起飛，在易守難攻的山區精準定位、摧毀目標。而土耳其的背後，顯然有以色列撐腰。

亞美尼亞的後盾，則是俄羅斯製的無人機，據說連飛都飛不起來。這就是搭載半導體的性能差異。

半導體的出現將使二十世紀的戰爭型態退場，例如造價極其高昂、且須仰賴眾多人才能展開行動的航空母艦。由少數人發揮技術能力，操作少量而低成本的軍事武器，才是今後軍事力量強弱的關鍵。

二〇二〇年，發生了半導體掐住日本經濟命脈的事件。半導體工廠的火災形成導火線，導致汽車製造業的生產完全停擺。只要斷絕半導體的供應，就能輕易癱瘓產業。由此可知，若是能掌控半導體供應鏈，就等於掌控了經濟的生殺大權。

制衡半導體產業，等於制衡全世界

請回想一下美蘇冷戰時期的巴黎統籌委員會（Coordinating Committee for Export to Communist

Countries，對共產世界輸出管制統籌委員會），西方各國對社會主義國家實行禁運和貿易限制，防止戰略物資流向共產國家。

第二次世界大戰期間，日本帝國因為受到ABCD包圍網的經濟封鎖，斷絕了石油供給，因而對太平洋區域的美軍展開奇襲（＊ABCD包圍網取自四個國家的頭一個英文字母，包括美國〔America〕、英國〔Britain〕、中國〔China〕與荷蘭〔Dutch〕）。

二戰末，美軍把剛完成的巨大轟炸機B-29投入前線，日本北九州八幡製鐵廠首當其衝，遭到攻擊。如果當時美軍破壞的是有如日本心臟的煉鐵高爐，可說是把日本趕盡殺絕的最佳捷徑。

現在，半導體產業正處於相同的地位。西方政府正持續加速限制與中國的貿易；不僅是美中兩大國，對世界各國而言，確保半導體供應鏈的安全是生死交關的重要國家安全保障政策。

全球在一年間出貨的晶片數量，一九八〇年時約為三百二十億顆，到了二〇二〇年已暴增到一兆三百六十萬顆。預測到了二〇三〇年將會達到兩、三兆顆。人類社會簡直就像要被半導體淹沒一般。

制衡半導體產業，等於制衡全世界。

我們不妨打開世界地圖，從地緣學的觀點來解讀世界各國的政府、企業動向。

透過指尖上小小一顆半導體晶片，眺望二〇三〇年的世界。

第一章

美國的供應鏈地圖

亞利桑那州鳳凰城遠景。（© Joe Cook ／ Unsplash）

1 沙漠的磁力：在亞利桑那州集合！

沙漠矽谷：鳳凰城成為戰略核心

美國亞利桑那州的首府鳳凰城位於一片沙漠當中，夏季白天最高氣溫甚至可高達攝氏五十度，降雨量極端稀少。或許在許多人的想像中，這裡大概是被仙人掌圍繞的荒涼景象吧？然而，鳳凰城在美國「最想居住的城市」排行中，卻經常名列前茅，和佛羅里達州的邁阿密並列為退休後的生活選項，是相當受歡迎的都市。由於距大峽谷很近，因此也吸引很多觀光客前來（見圖表1-1）。

鳳凰城的另一個面向，是ＩＴ產業的聚集地。這裡起初雖然落後於加州的洛杉磯、矽谷，但許多企業受到土地寬廣及廉價的勞動人力吸引，從一九九〇年代開始，相繼擁入鳳凰城。而另一種說法，是乾燥的空氣有利於精密的機械設備。和群山環繞的加州矽谷對比下，有人稱鳳凰城是「沙漠矽谷」。

鳳凰城現在可說是名副其實的熱度爆表，因為美國政府正把世界各地的半導體產業召喚到這座城市。拜登改造全球半導體供應鏈的戰略核心，就在灼熱的亞利桑那州。

圖表 1-1　美國重要城市地圖

台積電赴美設廠：是受邀？還是被迫？

二〇二〇年五月十五日，全球最大半導體晶圓代工廠——台灣積體電路製造公司（TSMC）發表了在亞利桑那設立晶圓廠的計畫。

仔細看看台積電的聲明文，「此專案對於充滿活力及具有競爭力的美國半導體生態系統來說具有重要的策略性意義，

「它使具業界領先地位的美國公司能於美國境內生產其最先進的半導體產品，同時又能受惠於世界級的半導體晶圓製造服務公司及其生態系統的地理鄰近性。」

這段拐彎抹角的聲明，或許會給人些許異樣感。關於在美國設廠一事「具有重要意義」，台積電不說是對於公司自身，而是指出對美國半導體生態系統「具有重要意義」。從這段聲明的字裡行間，透露出在美

國設廠並非台積電渴望，而是美國政府力邀之下，台積電才會做此決定。

聲明文中，台積電一開始就表明這項計畫是「在與美國聯邦政府及亞利桑那州的共同理解和其支持下」，這也形同提醒美方「我們會在美國設廠，但你們別忘了曾答應提供足額的輔助金給我們喔」。

各國眼中的怪獸企業：台積電

不論從技術實力或規模來看，台積電都是全球任何晶圓代工廠再怎麼努力也敵不過的怪獸級巨大企業。包括美國大廠輝達、高通在內，幾乎全球的半導體大廠都委託台積電製造晶片，沒有台積電的生產力，產品就無法上市。

尤其在精細加工技術方面，台積電可以說是打遍天下無敵手，這個說法絲毫不誇張。台積電的工廠是極機密技術與知識的結晶，以他們自行開發的矽晶圓為例，一「箱」就價值數千萬日圓。台積電雖然是下游廠商，但並不仰賴上游廠商發包，反而是全球的半導體廠商必須依賴台積電。

日本的工程師曾經這麼表示：

「即使所有人都認為不可能量產的設計，台積電也會抱持『好！總會有辦法達成』的想法來接單製造。雖然不清楚他們實際上如何達成，總之他們確實完成我們的要求。這家公司匯集了極其優秀的傑出人才與龐大的資金。」

日本自民黨前幹事長（＊相當於祕書長）甘利明以一九六四年為東京奧運會建造的國立代代木競技場為例，形容台積電用平面設計圖製作產品的技術能力。

「建築大師丹下健三使用纜索建構出曲面懸吊屋頂的獨特創意，震懾全球。這個設計太過奇特獨創，一般都認為是不可能完成的任務，但清水建設與大林組營造公司還是把它蓋出來了。」

當時日本的建設總承包商為了展現他們的氣概，發揮出被逼入絕境時的潛力，但這在台積電卻是平時就具備的能力。

建立完整供應鏈的野心：讓匠心技術納入美國囊中物

拜登半導體戰略的最大目的，就是將這種精細的匠心技術引入美國。美國雖然有很優秀的半導體晶片設計企業，但生產製造領域並非強項，不僅缺乏有力的晶圓代工廠，晶圓切割及封裝測試等後端製程產業也很弱。

美國政府招攬台積電設廠，內心打的算盤應該是其他半導體後端製程企業、材料製造商、設備維護企業，也會跟隨台積電的腳步，從亞洲相繼進入美國吧？如此一來，美國國內的半導體供應鏈就能完整串聯起來。美國將以台積電為核心，在亞利桑那州建構新的半導體生態系統。

拜登政權的構想，說穿了極其單純。

圖表 1-2　半導體各領域市場占有率（主要技術幾乎都由美國掌控）

	市場規模（億美元）	美國	台灣	歐洲	日本	中國	韓國
半導體晶片（最後成品）	4,730	51%	6%	10%	10%	5%	18%
設計軟體	100	96%					
矽智財	40	52%		43%		2%	
半導體製造設備	770	46%		22%	31%		
晶圓代工	640	10%	71%			7%	9%
後端製程	290	19%	54%			24%	
晶圓製造	110		17%	13%	57%		12%

註：深灰＝市占第一；淺灰＝第二；5%以下省略
出處：依2020年企業公布及業界統計各項數據製成

我將全球半導體企業的市占率，按各個領域分項圖示如圖表1-2。

從這張圖表可以明顯看出，美國幾乎在所有領域都獨占鰲頭，不足的部分，只欠製造與材料。

日本過去曾是「半導體大國」，現在只在晶圓製造領域保有市占率第一。半導體設備領域也是日本的強項，但整體來看，美國企業的市占率還是較大。

比方說晶圓的薄膜沉積設備及研磨設備，幾乎由美國的應用材料公司（AMAT, Applied Materials Inc.）獨占。製程控管設備市場則是由美商科磊（KLA Corporation）獨占、蝕刻設備市場則是由美商科林研發（Lam Research Corporation）獨占，這些設備供應市場都由美國囊括首位。

東京威力科創及迪恩士集團（SCREEN）

等日本半導體設備企業，確實在某些設備領域市占率第一，但在整體製造設備市場中，美國企業（尤其是AMAT）仍具有壓倒性的優勢。

然而，在實際製造晶片的代工廠及後端製程領域，台灣的市占率高到不容忽視，美國若是不設法解決這個問題，前景堪憂。

拜登政府的目標，正是要填補美國欠缺的半導體製造領域大洞。美國政府出資打造供應鏈，就能讓軍事國防進可攻、退可守，而邀請台積電赴美設廠的策略，就是為了在美國國內建立完整的供應鏈。

台美價值觀對立：商業利益vs國家安全

根據台積電發表的內容，亞利桑那工廠於二〇二一年中動工，二〇二四年開始運轉。預定使用最先進的5奈米製程技術線寬，規劃月產能為兩萬片晶圓，總投資額高達一百二十億美元（約新台幣三千六百億元）。台積電沒有揭露詳細的資金來源，但其中極大部分應該是美國聯邦政府提供的補助款。

除了聯邦政府，亞利桑那州政府及鳳凰城市政府也相當積極，後者於二〇二〇年底通過了兩億零五百萬美元預算，用於整頓工業用水、產業道路、排水處理設備等基礎建設。

然而，台積電直到動工前仍在和美國政府協商，想必是對在美國設廠是否合乎投資報酬仍有疑慮吧？

台積電決定在亞利桑那設廠的聲明中，還提到：

「美國採行具前瞻性的投資政策為其業界領先的半導體技術營運創造出具全球競爭力的環境，此環境對於本專案的成功至關重要。」

這段文字同樣是以迂迴的方式，指出「由於美國政府表示會大方支援台積電（包括提供補助款），我們才不得已決定在美國設廠。」

在美國建廠的成本比台灣還要多兩到三倍，如果沒有獲得補助款來填補這個差距，台積電就無法完成設廠計畫。

美國政府基於保障國家安全的邏輯，必須把半導體供應鏈掌握在手中；但台積電的企業經營邏輯，卻是在商言商、必須得到合理報酬。這兩種對立的價值觀，在招商計畫的背後展開激烈的角力。

在亞利桑那州設廠的企業不止台積電。全球第一大半導體製造大廠——美國英特爾公司在二〇二一年三月二十三日，宣布將在亞利桑那州斥資兩百億美元（約新台幣六千億元）建造兩座新晶圓廠（*二〇二一年十二月，研調機構 IC Insights 公布最新報告，三星超越英特爾，成為全球第一大半導體廠〔不含晶圓代工廠〕）。

美國商務部長吉娜．雷蒙多在英特爾宣布建廠之際，同步發出了聲明稿。「英特爾的投資將守護美國的技術創新與領導地位，也強化了美國的經濟與國家安全保障。」

英特爾要在緊鄰鳳凰城的錢德勒市興建兩座晶圓廠，投入晶圓代工事業，供貨給外部客戶，承包其他半導體製造商發包的工作。工廠預計將在二〇二四年開始運轉，與台積電預估開始量產的時間正好相同。

過去，英特爾向來只為自家公司生產晶片，如今轉型為其他公司生產晶片，寫出這套劇本的，想必也是拜登的智囊團吧？同年二月上任英特爾執行長的派屈克・基辛格（Patrick Paul Gelsinger），無疑也是在呼應拜登的半導體戰略而行動。

施壓韓國三星電子，啟動半導體雪球效應

拜登對台灣施壓後，並未縮回伸往半導體產業的手，而是繼續向韓國施加壓力。繼台積電之後，拜登也促請晶圓代工廠三星電子在美國設廠。

二〇二一年五月二十一日，美、韓兩國在華府舉行領袖會談，文在寅總統在會後宣布韓國企業將在美國投資總額近四百億美元（約新台幣一兆兩千億元），這是送給拜登的伴手禮。其中最引人注目的，是三星電子將斥資一百七十億美元（約新台幣五千一百億元）建立半導體工廠，規模幾乎和台積電不相上下。

兩國政府在會談後發表的聯合聲明中，清楚表明了他們在幕後達成的協議。在這篇聲明稿中，「半導體」一詞出現三次，「晶片」則出現一次。

「我們（拜登與文在寅）雙方已達成共識，將共同努力提高全球車用晶片的供應量，透過擴大雙邊投資與支持研發企業，相互支援兩國最先進的半導體製程。」

國家領袖在聯合聲明中，不厭其煩地提及特定物資（即半導體），是極為罕見的。

在二〇二〇年全球半導體代工業界，台積電以59.40％的市占率成為壓倒性的第一名。第二名的三星電子則是13.05％。

亞洲這兩家公司加總便占了七成以上的市占率。如果再加上美國其他晶圓代工廠以及英特爾，美國政府影響下的企業就占了全球半導體製造領域的八、九成。

只要外國企業在美國境內設置工廠，美國便有如取得人質一般，即使這些企業是心不甘情不願地赴美設廠。

拜登在亞利桑那州開啟了雪球效應，這裡未來是否能成為與矽谷匹敵的一大據點仍未可知，但可以肯定的是，拜登的策略將會增強磁吸效應，吸引其他相關企業進駐。美國政府撒下的這張網，將逐漸收攏全球的半導體企業。

2 改造供應鏈，讓全球為底特律汽車產業服務

二〇二一年四月九日，拜登在半導體執行長高峰會召集了共計十九家企業，白宮刻意公開了會議的影像。

十九家企業中，有十二家是使用半導體的買方，另外七家則是供應半導體的製造方。只要看看拜登召集了哪些企業、未召集哪些企業，並了解這些出席企業的立場，就能知道拜登政權在打什麼算盤。

簡單來說，底特律的汽車公司全在白宮齊聚一堂。

首先來看買方，汽車業界的兩家公司——美國通用汽車（GM）、福特汽車特別引人注目。跨國汽車製造商斯泰蘭蒂斯（Stellantis）雖然也參與會議，但這家公司的前身是美國克萊斯勒集團。另外還有中型和重型卡車製造商帕卡（PACCAR Inc.）、汽車零件大廠匹斯頓（Piston Automotive）、引擎製造廠固敏式（Cummins Inc.）等較鮮為人知的美國企業。

令人玩味的是——理當有大宗晶片需求的日本豐田汽車、德國福斯汽車，以及法國車廠雷諾、日產汽車、三菱汽車聯盟（Renault–Nissan–Mitsubishi）等歐洲或日本的汽車大廠都未被召集。會議中甚至完全見不到韓國現代汽車集團的蹤影。國外的汽車大廠多半並未被拜登放在眼裡。

相對地，在半導體供應方這邊，高通（Qualcomm）、通訊晶片大廠博通（Broadcom）、輝達（NVIDIA）等美國企業也並未被召集與會。取而代之受邀的是台灣的台積電、韓國的三星電子等外國企業。

美國手段強硬，亞洲企業強力反彈

「半導體執行長高峰會」的名稱聽起來很響亮，但實質上卻有另一層涵義，因為拜登政府僅從底特律的視角來看半導體供應鏈。

台積電想必感受到美國政府的壓力，且無法完全釋懷。他們在會後發表的聲明中，對於在亞利桑那州設置晶圓廠一事，以冷淡的態度表示：「這是台積電有史以來對美國最大的直接投資，我們將和美國政府攜手合作讓計畫成功。」三星集團則對這場會議保持沉默。

然而，拜登政府對於汽車業界半導體供應短缺依然感到焦躁，因此在半年後的九月二十三日祭出更強硬的手段，要求台積電及三星把接到的訂單、庫存甚至客戶資訊在十一月八日以前提供給美國政府。美國商務部長雷蒙多譴責美國企業半導體供應流程「不透明」，甚至明目張膽地威脅企業：「若是不回應美國政府的要求，我們可能會援引其他法案或工具強迫企業採取行動。」

這簡直就表明了美國政府將控制半導體供應鏈。亞洲企業當然反彈，公司不可能將攸關企業誠信的情報親手交給美國政府。

全球最大的半導體需求方，確實是以底特律為核心的汽車產業。美國政府以此巨大的購買力作為千斤頂，把亞洲的半導體集結在美國，企圖改造全球半導體的供應鏈。

拜登公開半導體執行長高峰會的影像，就是為了對全世界展現美國市場的力量。

3 少了一片的拼圖：半導體的「全球價值鏈」

半導體晶片從設計、製造到供貨至市場之前，必須歷經二十道以上的工序，可說是「供應鏈過長」的流程。這條供應鏈上，並不是只有以船或飛機運送的實體物品，晶片設計階段的電路圖、設計軟體等無形智慧財產，也屬於供應鏈的一部分。

「全球價值鏈（GVC, Global value chain）」是指一連串突破國境限制的經濟價值鏈。在所有行業中，半導體的GVC特別複雜。理解半導體GVC的捷徑，是在腦海中想像各個不同階段的人將以何種不同的模樣在工作。

什麼是「無廠半導體」和「晶圓代工」？

提到半導體廠商，首先浮現在大家腦海的公司大概是英特爾、三星電子吧？在美國，大多數的半導體企業都並未擁有自行生產晶片的工廠，亦即以「無廠半導體企業」占多數。

用建築產業來類比的話，「無廠半導體企業」的工作就像是繪製草稿或建築藍圖這類修改線條的設計工作。你可以想像是一群設計工程師坐在辦公大樓，面對電腦操作滑鼠或鍵盤，而非在工廠工作。

設計工程師的電腦畫面上，可能是細緻的電路圖、一連串程式碼，又或是顯示邏輯電路設計流程的圖表。工程師身上穿的牛仔褲、T恤等休閒服也很引人注目，只是COVID-19疫情爆發之後，很多工程師都改為在家遠距上班。無廠半導體企業不用實際進入工廠，所以不進公司也可以完成工作。

接受這些無廠半導體公司委託製造晶片的企業，則稱為晶圓代工廠（foundry，這個詞原本是指「金屬鑄造廠」）。台灣的台積電、聯電（UMC）或美國的格羅方德（GF）等就是代表實例。

晶圓代工廠的主要工作場所是工廠——連綿的巨大建築，作業員穿著防塵衣、戴著面罩，全身防護穿梭在無塵室中，他們的身影彷彿手術室中執刀的外科醫生。負責搬運晶圓的自動化設備則在作業員之間來回穿梭。晶圓代工廠的工作是將電路設計圖轉印到晶圓上，這在晶片製造階段中屬於「前端工程」，而負責「後端工程」的企業，工作則是裁切晶圓、製成晶片，並進行封裝或測試。這些企業充滿機械運轉的聲音及氣味，接近傳統工業用品的製造工廠。

什麼是「矽智財企業」？

也有些公司既非無廠設計公司，也非晶圓代工廠，而是開發基本電路模組，或是電子設計自動化（EDA, Electronic Design Automation）軟體，授權給其他公司使用，這些公司稱為「矽智財」（IP）企業，其中知名的包括英國安謀控股（ARM）公司、美國新思科技（Synopsys）、益華電腦（Cadence Design Systems）等。

ＩＰ原義是指智慧財產權（Intellectual Property），但在半導體業界大多是指電路設計的專利技術。有時候，以授權設計軟體為主（而非授權電路圖）的企業並未被歸類在矽智財，但兩者都是在銷售智慧財產使用權。

半導體設計公司從矽智財公司買來基本電路圖加以組合，設計自家公司的晶片。由於電晶體密度（又稱集積度）在十年間以三位數的速度快速成長，企業若是拒絕接受現成電路設計圖的使用授權，根本追趕不上變化。因此可以說，半導體產業的設計階段和製造階段，都發展出水平分工的商業模式。

除了電路設計圖的專利權銷售，另一個流程是提供晶片邏輯運算「協定內容」的使用權。以安謀公司開發的指令集架構（一般稱為「ARM架構」）為例，據說光一個指令集架構列印成紙張就多達數千頁，厚度幾乎是百科全書的規模。

圖表 1-3　邏輯晶片*的生產結構（以代表性企業為例）

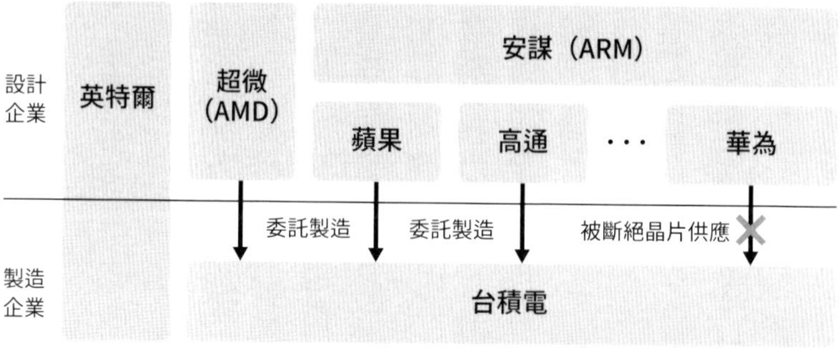

*半導體晶片（IC）包含記憶體晶片、邏輯晶片等，
前者是儲存資料用的，後者則是進行一些基本的邏輯運算。

（出處）作者製表

總體而言，半導體「全球價值鏈」所涵蓋的企業，大致可以粗略分類如圖表1-3。

從半導體全球價值鏈，找到美國的弱點

圖表1-3是記憶體ＩＣ以外的邏輯ＩＣ生產流程。愈下游就愈接近具體的成品；愈上游則愈接近高抽象度的軟體設計領域。當上游把接力棒交給下游，半導體晶片的附加價值就逐漸增加。只要看圖，就能明白位於最上游位置的，是英國的安謀。

可以自行包辦半導體設計到製造的公司，則稱為「垂直整合元件製造公司」（IDM, Integrated Device Manufacturer），英特爾及三星電子就是代表，這是半導體產業進展到水平分工前的傳統商業營運模式。美國美光科技，日本鎧俠等記憶體大廠，幾乎都是ＩＤＭ大廠。

美國政府詳盡調查半導體的全球價值鏈，找出了該國欠缺的拼圖。白宮在二〇二一年六月發表的《半導體產業調查報告》中就強調：政府必須強化晶圓代工領域的政策。

這就是拜登投資巨額經費，招攬台積電及三星赴美設廠的原因。

4 高漲的補助款：全球半導體補助戰開打！

美國需要花許多錢，才能補足欠缺的供應鏈拼圖？接下來讓我們談談各國政府對半導體

產業的補助款。

21世紀的馬蹄鐵釘：缺一顆晶片，失去一整個美國

二〇二一年二月二十四日，拜登就任美國第四十六屆總統的僅僅一個月後，他引用了一首英國傳統童謠歌詞，強調半導體供應鏈的重要性。

「丟了一根釘子，壞了一個馬蹄鐵；壞了一個馬蹄鐵，折了一匹戰馬……」歌詞後半是這麼唱的：「折了一匹戰馬，傷了一位騎士；傷了一位騎士，輸了一場戰鬥；輸了一場戰鬥，毀了一個王國……」

這裡的釘子，指的就是「半導體晶片」。

「缺了一根釘子，就有可能失去一個帝國。同理，半導體供應鏈只要有一環缺損，就會造成全面性的影響。」

拜登用「二十一世紀的馬蹄鐵釘」（A 21st century horseshoe nail）來比喻半導體，可說是擊中要害。如果釘子是半導體，戰馬就是美國半導體產業，騎士則是產業中的員工，王國則是美國。

聯手國會，為晶片榨出國家預算

美國政府展開一系列行動，開始籌措預算。拜登在二月二十四日提出三百七十億美元的

預算案，以支持國會在《國防授權法案》（NDAA）中提出的財政措施，該措施將緊急供應資金給半導體產業。銜接在預算案之後的「半導體執行長高峰會」，也是拜登政府上任後就立即啟動的會議。

「為了解決晶片供應不足的問題，我已指示政府各部會與業界領袖共同合作，國會也應加速審議相關法案。」

拜登簽署了行政命令，指示政府團隊在一百天內，調查半導體、稀土金屬、醫療品、電動車電池等四項供應鏈。

拜登的聲音因感冒而嘶啞，但仍傳達出敲定政府預算的迫切感。這些行動的主要目標是要確保戰略物資的供應，以減少對中國的依賴，雖然他當時避免點名中國。

在拜登演講後，白宮的發言人補充說明：「政府團隊不只向（總統）進行報告，也會針對供應鏈的問題，擬定解決問題的計畫。」

美國政府開始採取行動。拜登於同一天召集民主及共和兩黨議員，協商半導體戰略，事前溝通預算。

美國產業界的反應也很快，比如，福特汽車在同一天發表聲明：「政府努力早日解決半導體供應不足的問題，對我們的員工、客戶及事業至關重要。」產業界立刻附和拜登的預算案，彼此簡直心有靈犀。

二〇二一年三月三十一日

拜登發表了投資兩兆美元規模的基礎建設投資計畫，這次的語氣更加急促了。他表示其中五百億美元（約新台幣一兆五千億元）將撥給半導體業界。以對單一產業的補助款來說，這是相當龐大的財政支出。

國會審理了《美國晶圓代工法案》與《美國晶片法案》，預估投入三百七十億美元，但拜登繼續加碼，甚至提出要在商務部設立新部門，調查半導體產業現況。

二〇二一年四月五日

美國汽車創新聯盟（Alliance for Automotive Innovation）向政府提交請願書，呼籲維持半導體的穩定供應，這是汽車業界的共識。請願書中指出「若要增加國內產能，需要巨額投資及永續的投入」，明確要求政府提供半導體產業豐厚的補助款。

二〇二一年六月八日

美國政府傾注資金的力道仍在加強。

美國參議院以68：32表決通過《2021美國創新與競爭法》（USICA, US Innovation and Competition Act of 2021），決議投注兩百九十億美元（約新台幣八千七百億元）在新世代的尖端技術研發，並給予半導體產業巨額補助款。

該法案內容是在美國政府機構「國家科學基金會」（NSF）設立新部門，並針對人工智慧、量子電腦、電動汽車鋰電池、生物科技等民間研發機構，撥派兩百九十億美元的補助款。

此外，參議院也決議挹注五百二十億美元（約新台幣一兆五千六百億元）給半導體工廠或研發機構。國會與白宮有如打乒乓球一般，相互應和，不斷增加補助款。

拜登政府履行他在二月的承諾，於「一百天以內檢討」重新整頓半導體等戰略物資的供應鏈策略。報告書中指出「美國無法單憑自身解決脆弱的供應鏈」，應當聯合美、日、澳洲及印度籌組的「四方安全對話」（Quad, Quadrilateral Security Dialogue）及七大工業國（G7）的主要七個國家（*美國、加拿大、英國、法國、德國、義大利、日本），組成半導體同盟，降低對中國的依賴。

中國：投入兩倍資金，用資本打贏戰爭

中國立即跳腳。

二〇二一年六月九日

在美國參議院通過涉及多項半導體產業法案的《2021美國創新與競爭法》後，中國外交部發言人汪文斌立即召開記者會，表示：「堅決反對美國拿中國說事，把中國當假想敵……誰也不能剝奪中國人民享有的正當發展權利。」

中國在半導體產業投入的補助款規模，與美國相比不遑多讓。中方分別於二〇一四年及二〇一九年設置「國家積體電路產業投資基金」，第一期及第二期官方基金總計投入超過三千四百億人民幣（約新台幣一兆五千億元）的政府補助款。光是這部分就幾乎與美國同額，若再加上地方政府的補助，合計投入達到六、七千億以上的人民幣，是美國的兩倍之多。

第一期官方基金運用在大約七十件專案，以及大約六十家半導體製造廠。雖然並不是全部都成功，但豐厚的政府資金無疑支持著中國半導體產業。在明確的國家政策下，中國企業可以不必顧慮預算，大手筆地投資設備並增加產能。

歐洲：藉新冠疫情反轉局勢，目標2奈米製程

目前為止，我們介紹了美中的動向，但不能遺漏另一個巨大經濟圈——歐洲的動向。當華盛頓開始推動半導體戰略的同時，歐盟也開始行動了。

二〇二〇年十二月七日

歐盟二十二個成員國簽署了《處理器和半導體技術聯合聲明》（Joint declaration on processors and semiconductor technologies），確立將強化半導體產業作為成員國的共同目標，並同意增加投資歐盟的半導體供應鏈。

聲明中指出，「歐盟必須擬定具野心的計畫，從晶片設計到2奈米先進製程，以便讓我

們在半導體價值鏈達到差異化且領先的目標。」

歐盟內部市場執行委員迪埃里・布勒東（Thierry Breton）在聲明中提及「2奈米」看似若無其事，實際卻是語帶鋒芒。1奈米等於十億分之一公尺，2奈米大約是人類毛髮直徑的十萬分之一。

布勒東所說的2奈米微製造技術，是連台積電都仍在實驗階段的超精細加工技術，而歐洲企業將加入競爭。歐盟在字裡行間表現出了焦慮，他們下定決心不能像過去一樣，只是遙遙看著美國或亞洲的車尾燈，因此不惜將政府資金挹注在半導體產業，以達成計畫中的高遠目標。

二〇二一年三月九日，布魯塞爾

歐盟執行委員會（European Commission）發表「數位羅盤」（Digital Compass）計畫，擬定西元二〇三〇年之前的產業戰略，目標是讓歐盟的半導體產量在十年內倍增。

具體的做法是計畫建立「歐洲半導體聯盟」，整合總部位於瑞士日內瓦的意法半導體、荷蘭恩智浦半導體（NXP Semiconductors N.V.）、德國英飛凌（Infineon Technologies AG）、荷蘭半導體設備製造商艾司摩爾（ASML）等半導體企業。

此外，歐盟以因應新冠肺炎為名義，提撥了總額近兩兆歐元（約新台幣六十多兆元）的經濟復興措施，其中包括「次世代歐盟」（Next Generation EU）復甦計畫；在這個復甦計畫中，預計將提撥約20%的「復甦與韌性基金」（Recovery and Resilience Fund），也就是大約一千五百億美元（約新台幣四兆五千億元）給數位產業，目標是在二〇三〇年讓歐洲半導體的市占率達到全球兩成。

補助戰將導致自由貿易結束？

全球的半導體補貼競賽有如滾雪球一般拉開序幕，美、中、歐洲各自以五百億到上千億美元的規模，不斷擴大補助金額，勢不可擋。

這樣的情景，宛如二十世紀美國與蘇聯東西陣營的軍備擴充競賽。一方增加軍費，另一邊就跟著加碼，於是一方又再度擴增預算……。

至於日本政府的腳步，遠遠落後了美、中、歐的腳步。截至二〇二一年夏天，政府討論中的補助金額只不過數百億日圓（約數億美元）左右。民間對於政府介入產業或提供大規模補助款，也有反對意見。但不論是否應該效法，各國都快速將資金挹注在半導體產業政策，是絕對不能忽視的事實。

回顧冷戰期間，美蘇不僅互相角逐軍事力量，也在支撐軍力的技術開發領域激烈競爭。軍事產業脫離了市場的「自由競爭」原則，讓美國軍事承包商洛克希德、麥克唐納－道格拉斯公司、雷神公司得以開拓當時最尖端的科技技術。

約翰．F．甘迺迪政府把人類送上月球的阿波羅計畫，也和美蘇軍備競賽有關。美國國家航空暨太空總署（NASA）積極投入科技的研發與創新，提升了能運用於軍事領域的技術水準。美國在航空工程、電腦、通訊、材料、火箭、醫學等領域，能發展出壓倒全球的強大優勢，都是以登陸月球為名的NASA產業補助政策之成果。

而現在美中的新冷戰，兩國再次展開補助款的擴大競爭。

在未來，各國可能以保障國家安全為名義，使得「自由放任主義（laissez-faire）」的市場經濟原則逐漸凋萎。自由貿易主義下的貿易政策、《反壟斷法》下的競爭條款也將衍生許多例外，而首開先例的正是半導體產業。

世界各國已經意識到半導體擁有的地緣政治價值，一旦政府開始加速干預產業，情況就無法輕易喊停。這或許也意味著自由貿易的時代，即將畫下休止符。

專欄

經濟安全保障

在日本，我們經常能聽到「經濟安全保障」一詞。二〇二一年十月上任的岸田內閣（*日本首相岸田文雄組成的內閣政府），更是新設了「經濟安全保障擔當大臣」一職。究竟什麼是經濟安全保障？我希望大家思考看看。當我們提及「強化」經濟安全保障時，具體是要強化什麼？

日文「安全保障」的英文是「National Security」，完整的意思是「國家安全保障」。可以看出，儘管指的是同一個詞彙，但日文去除了「國家」（National）的意義。

「Security」一詞的語源，可以回溯到十五、十六世紀大航海時代。航海是高風險的活動，為了籌集貿易船的資金，人們發行了可由多數人共同認購的證書以分散風險，並保障所借金額之「安全」。複數形的「Securities」，指的是有價證券，意指保證（Secure）借出的錢會確實償還的證書。因此，證券公司的英文就是用「Securities」，比方說日本的野村證券，英文是「Nomura Securities」。

英文「Security」一詞，原本是指比較廣義的安全、平安，沒有指涉對象，不限於指國家安全。回到最一開始的問題，日文的「經濟安全保障」，究竟是要保障「什麼東西」的安全？是「經濟本身」的安全？還是保障攸關國家安全的「經濟要件」呢？

政策的目的會根據詞彙定義而有所不同，因此我們在聚焦「經濟安全保障」的內涵之前，應該先區別這兩者的差異。

日本政府刻意模糊半導體的軍事意義

在「安全保障」一詞前面加上「經濟」，就成了「經濟安全保障」；若是加上「技術」，則成了「技術安全保障」；此外，我們也常聽到「能源安全保障」。這些詞彙都是把經濟、技術、能源視為守護國家安全的要件。

另一方面，「人類安全保障」則是超越國家框架，指守護人類存續與尊嚴，意義上更接近維護人權。

總而言之，「安全保障」是相當方便的詞彙，能因應不同目的而使用。

日本政府利用這個便利性，在「安全保障」前面加上「經濟」二字，讓人不容易聯想到軍事等嚴肅的印象。但實際上，近來日本在討論的半導體產業的經濟安全保障，其實就是指包含軍事在內的國家安全保障，因為半導體涉及了國家安全。

岸田內閣使用經濟安全保障這個名稱，巧妙運用了語言的魔術，較不至於引起輿論或遭到國會反彈，還摻雜了昔日政府主導產業政策的曖昧感。

守護國家的安全，和守護經濟的安全，在意義上是重疊的。以半導體產業來說，若是日本能擁有強大的產業實力，無疑對保障國家安全能產生極大的幫助。然而，政府原本的目的並不是要利用補助等措施來推動產業，提供補助只是一種手段。

「國家安全」與「經濟利益」的兩難

政府若要追求經濟安全保障，將會增加國家安全與經濟利益的對立情況。

比方說，為了提升國家安全，政府就必須限制輸出半導體給敵對國家，或是禁止敵對國投資國內半導體產業。然而，強硬施行這些規範時，將會剝奪企業自由，產業的活力也會衰退。

政府如果想要兼得魚與熊掌，能否平衡政策的效果就變得相當重要。將國家安全與經濟利益這兩項相反的任務，集中交給同一個政府機構，有可能在某些地方產生矛盾。若把擬定政策或協調的工作交給以營利為目的的顧問公司，是更糟的做法。內閣官房作為日本的司令塔，應該考量是否設置「國家安全保障局」，這點十分重要。

我們若要追根究柢，釐清應該由誰來制定攸關經濟安全保障的政策，這必然會涉及政府內部組織的職責分配問題。

第二章

脫鉤的可能性

G20高峰會，由左至右為美國前總統川普、日本前首相安倍晉三、中國主席習近平。
（© Trump White House Archived ／ Flickr）

1 制裁的根本原因

我們暫時把時間回溯到川普政權時期的二〇一九年。拜登的半導體戰略源於川普政府對中國華為祭出的經濟制裁，因此，從半導體的角度來看華為問題，更能看清楚美中對立的根本原因。

斷絕通訊與攔截情報的風險

川普政權下的美國政府，基於可能威脅國家安全的理由而箝制華為。這是因為能高速輸送大量資訊的「5G」通訊規格成為主流之際，華為產品遍布全球。二〇一八年全球市場占率達34％，全球的5G基地台實際上有三分之一都是華為產品。

這不免讓華府國防關係人士憂心：「通訊是經濟與軍事的命脈，一旦讓中國企業掌控了通訊，中國很可能會奪得世界霸權，而在華為背後撐腰的是中國政府。」

舉例來說，萬一美、中在南海發生衝突，美軍進入台灣海峽，第七艦隊的夏威夷、橫須賀司令部或和美國本土的數據資料交換將遽然增加，個人終端的通訊流量也勢必爆量大增。

日本三一一大地震時，民眾因為與家人或親友間的通訊中斷而陷入恐慌的情景，至今仍記憶猶新。一旦通訊出現阻礙，所有相關活動就會隨之癱瘓。這麼說或許不太妥當——瓦解這個社會最省事又快速的手段，就是斷絕通訊。

何況其中還有資安疑慮。中國會不會透過華為製造的通訊設備，攔截情報？只要在暗藏的後門（電路或程式等）動手腳，政府或企業機密就能輕易傳送到中國的資料庫。

果然不出所料，二〇一九年五月荷蘭某家報社刊登一則簡短的報導，荷蘭情報部門在某家電信業者的設備上發現被植入的後門程式，可能使荷蘭情報外洩。荷蘭的諜報機構AIVD（情報與安全總局）因此啟動調查華為是否涉入間諜工作。

雖然是匿名提供的情報，但「華為＝間諜企業」的說法轉眼間甚囂塵上，無疑是川普政府對華為採取經濟制裁的絕佳時機。

能生產5G設備的企業，放眼全球屈指可數。第一名是瑞典的愛立信（＊台灣舊稱易利信，Telefonaktiebolaget L. M. Ericsson），但市占率僅24％，和華為的34％有一段很大的差距，第三名是芬蘭的諾基亞（Nokia），市占率僅19％。

第四名是中國的中興通訊（ZTE）占了10％，第五名是韓國的三星電子，僅占8％。若是把兩家中國企業加總來看，市占率高達近半的全球市場。在川普政府採取行動以前，全球的5G市場已染遍中國色彩。順帶一提，在5G全球市場中，並未看見日本企業的身影。

國安當局的焦慮

華府大約是在二〇一八年下半開始加速腳步。首先是八月十三日通過下一年度的《國防授權法》（NDAA, National Defense Authorization Act）（*明確規範美國國防部年度預算和支出的美國聯邦法案，第一個NDAA於一九六一年獲得美國國會通過），禁止美國政府機關使用華為產品。川普對中國的攻勢也是大約從這時開始變本加厲。十二月一日，加拿大警方應美國政府要求司法協助，逮捕在溫哥華轉機的中國華為公司副董事長兼財務長孟晚舟。

隔年二〇一九年五月十五日，川普簽署總統行政命令，禁止美國企業使用威脅國家安全的設備。美國商務部將華為列入俗稱出口管制黑名單的「實體清單（Entity List）」，目標正是針對華為。

當年美國對中國的制裁，重點是限制從中國輸入的鐵、鋁等措施。川普把矛頭指向與中國的貿易不均衡，因為美國國民所關心的是保護國內產業。川普教訓中國的力道愈強，民意的支持聲浪愈高。政治民粹主義促使川普展開攻擊。

美國把制裁目標對準中國華為，其中一個因素是華府的國防當局搭上川普的順風車。根據美國前外交官表示，國防部（五角大廈）及國家安全局（NSA）等在白宮與國會動作頻頻，他們深諳通訊是美國致命弱點，因此分別啟動打擊華為的策略。華府的美國情報體系（Intelligence Community）從二〇一〇年前後就開始警戒華為的勢力，持續監視當中。

然而，當初的華為禁令卻有一個很大的破口，那就是台灣。

華為產品所需的高階晶片是由台灣生產，即使美國禁止國內企業出口晶片給華為，卻無法阻擋台灣供應晶片給中國。

孤立海思半導體

美國政府這時密切關注的是華為的子公司——「海思半導體」。海思半導體和美國主要的半導體大廠一樣，並未自行製造晶片，是沒有設置工廠的無廠半導體企業。

海思半導體本身從事專用晶片的開發、設計，製造則多數委託台積電。由於台灣與中國互通有無的供應鏈，使中國廠商在制裁下依然可以生存。因此美國政府即使發布禁令制裁中國華為，依舊無法徹底斷絕華為的生存命脈。

反過來說，這也讓美國政府產生一個念頭：「與台灣的關係，或許是華為最大的弱點？」

若是能採取某個方法來斬斷華為與台積電的關係，或許就能斷絕華為的命脈。中國雖然也有中芯國際集成電路製造（SMIC）等國家基金扶植的半導體代工大廠，但能夠製造的線寬最多只有10奈米上下，和台積電的頂尖技術無法相提並論。

究竟海思半導體是什麼樣的公司呢？實際狀況籠罩了一層神祕的面紗。

海思半導體總公司在深圳，北京、上海、成都、武漢等處也有開發團隊，合計超過七千人的員工陣容。雖然無法判定事實真偽，但有關係人士指出海思半導體在歐洲、俄羅斯等處設有未公開的祕密開發據點。

海思的技術等級在全球名列前茅。某位與該公司合作過的日本半導體工程師曾評論海思是「集合從十四億中國人中精挑細選的優秀人才，以令人驚異的速度開發劃時代晶片的智囊團」。

美國對中制裁愈演愈烈的時期，華為積極地在外國媒體進行各項宣傳，試圖洗刷「間諜企業」的印象，卻完全不曾在公開場合提到海思半導體。

我一開始就不抱任何希望地向海思半導體公關部提出採訪申請，果然只得到「敬謝不敏」的答案。海思半導體的技術仍然充滿謎團。

最尖端的晶片供應來源

放眼所及，海思所製造的晶片有搭載AI功能、智慧型手機用的「麒麟」晶片，也有5G通訊用的「巴龍」等晶片。最新型的麒麟晶片，是以最尖端技術的5奈米製程設計，性能和蘋果最新的iPhone所使用的晶片同等級，甚至更高。

其他還有網路連接處理器的「凌霄」系列，產量相當大；以及7奈米製程開發，用於雲端伺服器的「鯤鵬」晶片；此外還有AI晶片「昇騰」，在數位產業中都耳熟能詳。這些晶片的供應對象，不僅是母公司華為，也包括國外企業，就連日本電機製造商也不例外。

只不過，海思也生產華為專用、5G通訊設備核心的高性能晶片。據曾在華為任職的技術人員表示，海思曾開發基地台專用、名為「易經」的晶片，另外還有以天體命名的「天罡」等晶片，多數都是採7奈米製程。雖然無法證實個別名稱或功能，但無庸置疑的，海思正在各個領域開發市場中尚未出現的專用晶片。

為了製造華為的高階產品，海思需要最尖端科技的晶片，而目前唯有台積電能夠製造海思所需的晶片。海思雖然有高階的設計技術，卻無法實際製造產品。

扣下扳機？

二〇二〇年五月十五日，川普政府啟動決定性的作戰策略。美方禁止企業使用美國設備或軟體製造的半導體出貨給華為，這項禁令同時也適用於外國企業。

這項新的規範，使得台積電無法再供應晶片給中國的海思半導體。台積電使用的是美國製的半導體製造設備，也使用相當多美國的設計軟體。美國政府看穿華為的命脈在台灣海峽，只要斷了這條線，就能掐緊華為的脖子。

當時的美國商務部長威爾伯．羅斯（Wilbur Ross）在聲明中得意地宣稱：「防止華為和海思半導體利用漏洞而修改出口管制，並防止企業利用美國技術，執行危害美國國家安全和外交政策利益的惡意行為。」

美國這項出口管制政策雖然精準命中中國要害，但或許也反而提高了美國的地緣政治風險。因為激怒中國政府，很有可能種下中國武統台灣的種子，台灣地處中國鼻尖，只要中國有意，就可能採行軍事侵略行動。

之後，拜登政府在歐洲各國居間協調，美歐共同出動海軍艦艇往台灣海峽，台灣海峽的緊張情勢，無疑升到前所未有的高點。

美國政府應當學到了教訓。光是強硬的出口禁令並不完備。如果沒有讓台灣最先進的代工廠在美國境內設廠，就無法達成提升美國國家安全保障的終極目的。

2 甘迺迪留下的遺產——美國《貿易擴張法》第232條

冷戰時期的化石

川普政府改變美國貿易政策的方向，從自由貿易走向貿易保護。然而，這個改變並不僅是市場開放速度變慢。

川普挖掘出美國《貿易擴張法》（Trade Expansion Act）從冷戰時期開始沉睡在地底深處的化石，企圖重建截然不同的國際貿易政策。

我們必須先回溯到二〇一八年三月八日的美國。

這一天，川普在穿著作業服、戴著安全帽的勞工簇擁下，於白宮召開記者會。

「鋼鐵就是國家。少了鋼鐵就不成一國。我們過去歷經幾年，不，歷經數十年與他國的不公平貿易。我要中止這種狀況。就從今天起，我要捍衛美國國家安全。」

川普並且表示：「能夠展開這項行動，我個人十分引以為傲。」

接著他在勞工團體的注視下，簽署了一份總統行政命令，這份行政命令援引了一九六二年美蘇冷戰時代制定的美國《貿易擴張法》第232條，該法條的課稅標的為鋼鐵和鋁。
理由是外國生產的鋼鐵及鋁輸入美國，已威脅到美國的國家安全。從這一天起，美國的貿易政策，因國家安全政策「升級」了。

「國安條款」的威力

一九六二年制定的美國《貿易擴張法》，是沒有影印機也沒有電腦的時代所制定的法案。在多達上千頁左右的法案中，通稱「國安條款」的第232條，僅是當中的一頁條文。美國國立公文記錄管理局查詢原始條文後，找到一張泛黃的紙，紙上是排列得不太整齊的打字機文稿。

第232條的條文冗長，邏輯薄弱，從字裡行間看不出由法律專家斟酌推敲的痕跡，也並未定義最關鍵的「國家安全」。

然而，這條條文的威力卻實在驚人。根據第232條，只要美國政府判斷「對美國國家安全造成威脅」，就能發動強權介入貿易，禁止國外產品進口。具體來說，可以透過對外國產品課徵不合情理的關稅，剝奪外國產業在美國市場的價格競爭力。

川普簽署這個總統行政命令之際，他的演講稿上充滿了「捍衛國家安全」的字句，就是因為唯有建立在「國家安全」的前提下，才能啟動《貿易擴張法》第232條。

川普發言中所謂「鋼鐵就是國家」一詞，聽起來有些老派，但他必須強調鋼鐵的重要性等於國家，才能合理動用第232條。第232條讓川普能夠肆無忌憚地保護鋼鐵產業，跳過使用複雜計算公式的傾銷調查，或是兩國協議設定的繁文縟節。

簡單一句話說，就是第232條的灰色地帶，給了川普穿鑿附會的空間。因為實際上，保護美國鋼鐵產業與國家安全並沒有直接的因果關係。

有位在柯林頓政府時期擔任美國貿易代表署（USTR）的法律顧問就曾指出：「川普濫用第232條。

「想必是川普向USTR及商務部長指示，必須採取和以往截然不同的做法，但他又無法接受『這個做不到，那個行不通』的建言。因此他們只好搬出第232條，向川普提出『這個方法可行』的意見。」

自由貿易秩序崩解的開始

一九六二年的美國《貿易擴張法》，是約翰・F・甘迺迪政權為了推動自由貿易、增加美國出口而制定的國內法。甘迺迪將這項法案作為自由貿易的談判框架，提議召開《關稅暨貿易總協定》（GATT）第六輪全面降低關稅的談判。

這次的第六輪談判，又稱為「甘迺迪回合」（Kennedy Round），因為提議各國應該在多項不同領域進行多邊自由貿易的人正是甘迺迪。然而，甘迺迪卻未能目睹這場談判的開始，就在隔年一九六三年中彈身亡。

第232條是甘迺迪與美國國會妥協的產物。為了平息反對貿易自由化的議員，他在《貿易擴張法》納入第232條，形同附加的條款。

根據前述那位USTR前高官表示：「像我們這樣工作與貿易政策相關的人，雖然都明白美國貿易法應當要有第232條，但我們也都有共識，第232條和實際貿易政策所處的位階並不相同。」

甘迺迪總統在 1962 年 9 月德州萊斯大學發表演講。
（©historyhd ／ Unsplash）

埋在複雜的貿易法地底下成了化石的恐龍，經由川普之手給予生機，驟然起死回生。而世界自由貿易的秩序，因而從此開始崩解。

挖出第232條的始作俑者，是美國貿易代表羅伯特·E·萊特希澤（Robert E. Lighthizer）和白宮國家貿易委員會（NTC）的納瓦羅（Peter Navarro）。萊特希澤是精通貿易政策的強硬派；納瓦羅則是在二〇一六年總統大選時，強硬主張中國威脅論的川普政策顧問。

美國實際援用第232條的例子，在川普之前的十位總統中，只有三次。而且三次都是針對伊朗或利比亞等軍事上的敵對國家，目的是封鎖石油貿易，理由都是基於國家安全而非保護國內產業。

第232條的成功讓川普食髓知味。他心心念念的並不僅有鋼鐵和鋁，列入適用範圍來檢討的品項清單，實際上也包含半導體。當時的商務部長威爾伯・羅斯脫口說出，「正在考量第232條的適用範圍，是否將半導體列入清單」。

然而，政治影響力強大的美國半導體產業協會（Semiconductor Industry Association，SIA）因此反彈，他們認為羅斯的構想將造成半導體產業暗無天日。對美國半導體業界而言，不能少了中國市場，他們自然希望避免由政府管理出口。

以川普作擋箭牌

自由貿易主義所根據的理論基礎，是進行貿易的各個國家，各自專注生產各自所擅長、具優勢的領域，再重點出口這些產品，彼此就能得到互惠的利益。這是英國經濟學家大衛・李嘉圖（David Ricardo）提倡的「比較利益法則」（Comparative Advantage）。

不要提高關稅，不要限制物流，彼此相互開放市場，所有人皆大歡喜，是這個法則的論點。只不過，若是只有自己降低貿易障礙，就會處在不利位置，所以必須和競爭對手並肩邁開自由化的腳步。國際貿易談判就是為了這個目的。

相對地，貿易保護主義則是以保護國內產業為目的，藉由提高關稅或限制境外投資，防止價格較低的外國產品或服務流入國內市場，國內企業就不需要與外國勢力競爭。

自由貿易主義和貿易保護主義一般視為對立的兩個概念。美國歷屆政權的貿易政策，都彷彿鐘擺般在兩者之間擺盪。

然而，川普的想法卻遠遠超越這兩個概念，他並非基於經濟層面，而是基於國家安全的理由重整貿易政策，把自由貿易與保護貿易這兩者的對立概念消弭於無形。

依照川普的思維，只要以「國家安全」為名義，限制貿易的手段就能變得冠冕堂皇，但也使得為了貿易自由化而費心設立的制度，例如世界貿易組織（WTO）或兩國間的《自由貿易協定》（FTA）等機制的功能變得薄弱。

二〇二一年承接政權的拜登又是如何呢？拜登並未撤回川普的政策，而是對第232條鋼鐵及鋁的出口禁令完全擱置不予處理，對於川普挖出六十年前的甘迺迪遺產，拜登只需坐享其成。

濫用國防條款的橫豎是川普，就算遭到世界各國的批判，拜登仍然可以表現出「與我無關」的態度而置身事外。

拜登若以違反自由貿易理念的理由而解除第232條適用的狀況，與國會保護主義勢力的談判時會變得十分棘手。對拜登而言，他沒有理由要去冒這個政治風險。

就算拜登所屬的民主黨在參眾兩院占多數，黨內發言較為強勢的左派幾乎都是抱持貿易保護主義的人士，因此拜登對於川普濫用第232條，採取視而不見的做法，才是上策。

華府一度更新的價值觀，無法輕易恢復。何況恰好又面臨新冠肺炎疫情席捲全球，疫苗、醫療器材、口罩、防護衣等供應，都成為國家安全的重要課題。產業界順理成章地接納政府介入市場以確保供應鏈的措施。難怪上述的前USTR高官說：「美國國際貿易政策遭到國家安全名義的綁架。」

對半導體發動第232條的一天

這條政策所保留下來的價值觀轉變，為半導體產業帶來什麼影響呢？

就國家安全戰略價值的意義而言，半導體的重要性遠高於鋼鐵和鋁。就如我前面所言，半導體甚至具有左右基礎建設及汽車產業的力量，所有的產業都不能少了它。

倘若半導體的供應發生中斷或延遲，不僅產業會停擺，也會妨礙民眾的生活，從這個層面來考量，半導體確實攸關國家安全。

雖然川普政府未能將半導體列入適用範圍，但就理論來說，啟動第232條將半導體列入管制禁令措施仍然可行。若是美國政府能確保在國內完成半導體的生產及供應鏈，啟動第232條的門檻就能相對降低。屆時，全球或許將會再度對第232條的威脅心生畏懼。

今後的十年，世界各國想必會更進一步邁向數位化的社會。鋼鐵造就國家，但半導體對國家的影響力更甚於鋼鐵。各國政府從國家安全的觀點來考量，勢必更聚焦於半導體的供應鏈。

美國國際貿易法體系中的第232條，是能夠為貿易設限以保障國家安全的機制。問題的重點在於：今後這項武器將由什麼人、在什麼時候、什麼情況下使用？

甘迺迪留下的遺產，潛藏著無可匹敵的殺傷力。

3 是誰縱的火？

受詛咒的三月

二〇二一年三月三十一日。台灣西北部的「新竹科學園區」陷入恐慌。台積電最先進的工廠發生大火。數輛消防車緊急出動滅火，但關係企業的員工仍因被濃煙嗆傷而緊急送醫。

發生火災的是「竹科廠區12B廠P6」。火苗起自無塵室外圍的配電盤，釀成火災。駐在東京的台灣當局關係人士說他一聽到火災發生地點，不禁背脊一涼，「不會吧？竟然是那裡發生火警！」因為在建築物內部，有著極機密實驗量產的最先進技術半導體生產線。

而在竹科大火發生兩星期前的三月十九日。

日本半導體大廠瑞薩電子（Renesas Electronics）位於茨城縣常陸那珂市的那珂工廠，發生大規模的火災。該公司是製造車用微控制器（MCU, microcontroller）的全球第一大廠。

慘遭祝融的是主力生產線的「N3」棟。這是該公司唯一生產最先進12吋晶圓的廠房。推測這次災情損害約三分之二的產能。

三月三十日，日本經濟產業大臣梶山弘志在記者會上明確表示：「由於瑞薩電子工廠火災，將商請台灣半導體公司代為生產一部分半導體。」

日本政府希望台灣廠商協助代為生產半導體。因為一家企業的事故，由政府越俎代庖代替企業向外國企業求援，可說是少有的特例。

汽車供應鏈的樞紐

二〇二〇年的十月二十日，宮崎縣延岡市的半導體工廠也發生火災。遭殃的是旭化成株式會社的半導體部門──旭化成微電子株式會社的工廠。

起火點是五樓建築中四樓的無塵室，建築迅速被火舌纏繞，作業完全停擺。由於工廠充滿各種危險的氣體與藥劑，使得消防隊無法靠近，花了整整四天的時間才撲滅大火，最高樓層完全燒毀。

旭化成的延岡工廠，生產量少但品項多的車用晶片。多數並非一般消費性用途，而是特定用途的車用晶片，如用於磁力感測器、轉向角度感測器、紅外線LED、晶體振盪器等電子組件等。

感測器在監控汽車防側滑等安全裝置中不可或缺，有些晶片則用於動力轉向設備。生產規模若以華為直徑六吋（一百五十毫米）的數量來換算，月產大約三萬六千片。旭化成的生產數量雖然不算多，但在這個領域中占了相當高的市占率。

即使數量不多，少了旭化成的半導體，就無法生產汽車。換句話說，失去旭化成的半導體工廠，等於掐住了日本經濟支柱的汽車產業的脖子。是會讓汽車供應鏈一刀斃命的重要樞紐。

不是「為什麼」，而是「誰做的」

看不到復工曙光，陷入絕境的旭化成，只能委託外部生產。委託的對象，是瑞薩電子的那珂工廠。然而，僅僅五個月後，瑞薩電子的那珂工廠同樣慘遭祝融大火，簡直就像是火神對車用晶片的半導體產業緊追不捨。

接二連三的大火難免啟人疑竇，為什麼半導體工廠會一再發生火災呢？

而且偏偏是一旦無法生產，就無法供應汽車零件的半導體工廠頻頻發生事故。尤其令人費解的是共通點，每一件的起火原因，一般都認為最大的可能性是供應電源的電流過多。

有耳語說可能是遭人惡意縱火。但不久之後，相關人士開始問的不再是「為什麼」，而是問「究竟是誰做的」。我們彷彿聽得到疑神疑鬼的人們發出疑問——調查當局應該追究的不是火災發生的「原因」，而是犯案的「手法」。

日本政府也亂了陣腳。日本中央政府機關的國安局和公安等相關單位瀰漫著一股緊張的氣氛，究竟真正的起火原因是什麼呢？

我向經濟安全保障政策相關的官員舊識探詢有關縱火疑雲真相時，得到的答案是「沒有證據」。

他雖然沒有明說，但眼神極為嚴肅，可以看得出政府也將目光置於並非單純意外事故的可能性。

保護力脆弱的半導體工廠

在日本半導體工廠發生火災的前後，美國德州也發生半導體工廠停工的危機，原因是供電不足。

二〇二一年二月中旬，坐落德州首府奧斯汀周邊的韓國三星電子、荷蘭的恩智浦半導體、德國的英飛凌各個工廠都因為德州發生長時間大停電，因而停工長達數星期，導致全球半導體供應嚴重短缺的窘境。

這是因為德州奧斯汀供電不足，電力必須輸送到都會區的結果，以致發生大規模停電。

繼各地連續火災事故，台灣則在三月面臨睽違數十年未有的旱象，需要大量工業用水的半導體廠商瀕臨缺水問題，台積電持續一段時期調度供水車來度過危機。

一連串的災害，凸顯出半導體工廠的脆弱。

火災的真相猶墜五里霧中。然而，先不論縱火是真是假，一旦電源發生意外事故，毫無疑問地會造成半導體工廠停擺。不論是火災的發生，或是缺水的危機，都能輕易中斷半導體的供應。

半導體的工廠停工，就會使汽車工廠停工；汽車工廠停工也會影響連帶產業必須調整生產，對就業也會造成不良影響。這麼一來就會影響一國總體經濟，牽動全球的變化。

避免晶片荒是重要國安命題

晶片荒的問題從二〇二〇年下半就已經浮上檯面，瑞薩電子的火災更是雪上加霜。二〇二一年六月，豐田汽車在日本的兩家工廠有三條生產線被迫停工。結果連最受歡迎的車種「Yaris Cross」車系的交貨期間，也從過去的四個月被迫延長至五個月。

不僅汽車受影響，連汽車導航、空調、電視、電腦、電視遊樂器等也受到波及。經營東芝家電的品牌營運商「TVS REGZA」，原本預計四月上市的50吋電視新機種，卻因為調度不到控制液晶顯示器的半導體晶片，也延期了大約兩個月。

汽車及電器大廠為了避免自家工廠生產線中斷，紛紛提前下訂半導體晶片。跨業界的半導體爭奪戰開打，猶如產業界的內戰。說得聳動一點，若要摧毀一國經濟卻不想使用武器，藉由半導體的力量幾乎就可達到掀起內戰的效果。

「半導體必須盡可能在國內生產，如果不由政府確實監管會有危機。」各國政府感受到半導體產業體制的脆弱，無不拉高對於守護這個產業的危機感。

恐怖攻擊的威脅岌岌可危。拜登政府迅速採取行動以確保半導體供應無虞，正是為了因應可能的外部攻擊，拜登的判斷是理所當然的。

4 掐住韓國的脖子

切斷半導體供應鏈

二〇一九年六月某日，日本政府某位有關人士，嘴角浮現自信的笑容說道：「文在寅太囂張了。時機一到，我們會掐住韓國的脖子！」

他並沒有提到日本政府究竟要對韓國採取什麼具體的行動，或只是半開玩笑地表達不向韓國妥協的堅強意志。

然而，這句話日後以殘酷的形式成真，帶給全球巨大的衝擊。

在大阪召開的二十國集團元首高峰會（G20高峰會）這個時期，安倍政府與韓國的文在寅政府關係交惡。肇始原因是二戰期間的韓國勞工被日本企業強制勞役，也就是所謂的韓國勞工賠償問題。（*二〇一八年十一月，南韓的最高法院判決日本的「戰犯企業」三菱重工與新日鐵住工必須賠償戰時「徵用工」。但是日本認為依據一九六五年日韓建交時簽署的協定，在日本給予三億美元的賠償時，韓方已概括承受並放棄所有的民間請求權。）

日韓雙邊完全各說各話，對話毫無交集，從日本的角度來看，文在寅反反覆覆無理取鬧的主張，令日本首相官邸怒不可遏。

數星期後的七月一日，經濟產業省突然發布要嚴加管制對韓國的化學品出口的消息，禁止輸出三項半導體與顯示器的精密科技原料，包括：用於半導體製程蝕刻或清洗的高純度氟化氫、有機EL材料氟化聚醯亞胺，以及塗布在晶圓表面的光阻劑。

日本政府聲稱，管制的理由是基於國家安全顧慮。這些出口到韓國的化學用品有可能用於武器製造，因而限制出口。

原來「掐住脖子」是這個意思。我當時不由得一陣毛骨悚然，至今仍記憶猶新。

發現經濟制裁新手段

本書並不打算討論有關戰時的韓國勞工賠償問題。但不管目的為何，可以確認的是安倍政府為了對文在寅政府施加政治壓力，採取了切斷韓國半導體供應鏈的手段。

半導體出口占了韓國總出口額的兩成。如果無法從日本進口必要的生產原料，三星電子及SK海力士兩大半導體公司的產量將會立即大幅縮減。安倍政府揮下的大斧，目標是砍斷支撐韓國經濟命脈的大樹。

七月三日，日本經濟產業大臣世耕弘成在推特上連續發表出口限制的理由。「韓國接二連三地採取破壞過去兩國間累積的友好互助關係的舉動。而且，針對舊朝鮮半島的勞工問題，韓國直到G20仍然無法提出令人滿意的解決對策，相關部會討論之後，只能說彼此的信賴關係已確定破滅了。」

「我們判斷，基於與韓國的信賴關係，將難以進行出口管制，因此決定採取嚴格的管控，以求萬無一失。」（原文照登）

世耕大臣的連續推文迅速被大量轉推，在網路上掀起日韓兩國的貿易論戰。

雖然多數都是爭論日本或韓國哪一邊有錯的情緒性發言，不過，從地緣政治觀點來看，這件事的本質在於其他問題。我們可以從中「發現」：以保障國家安全為目的的多邊出口管控限制，能作為兩國間經濟制裁的手段。

不同型態的戰略物資

日本政府把三項物資一併管制。不過，若是比對國際的組織規範，實際上這三者是不同型態的三種戰略物資。

氟化氫屬於大規模毀滅性武器，列於「澳大利亞集團」的「生化武器」管制項目；氟化聚醯亞胺及光阻劑則是《瓦聖納協定》（The Wassenaar Arrangement）的「常規武器」管制項目。

根據一九八五年成立的國際組織「澳大利亞集團」（AG, Australia Group），有可能用於製造生化武器的化學用品、技術、病原體等物資，列為必須管制的項目。

「澳大利亞集團」的成立，是因為一九八四年伊朗、伊拉克被發現在戰爭中使用化學武器，使得能夠供應製作化學武器原料的各國，決定共同管制原料出口，並且以提案設立這個組織的澳大利亞命名。首次會議在一九八五年六月召開，截至二〇二〇年底時，已有四十個成員國及歐盟參加。

《瓦聖納協定》則是一九九四年三月底冷戰終結時，由於巴黎統籌委員會（對共產圈輸出管制統籌委員會）正式宣布解散，取而代之於一九九七年設立的新出口管制機制。名稱的由來是因為協議召開地點位於荷蘭的瓦聖納市，至二〇二〇年底有四十二個成員國，日本與韓國都參加了這兩個組織。

濫用制度的犯規招數

容易被忽視的一點，是限制大規模毀滅性武器與常規武器出口目的並不同。既然最初限制的目的不一樣，管制的嚴格程度與針對項目的範圍多寡當然也有差異。

然而，安倍政府卻對這三項物資一併下了出口禁令。這三項物資唯一的共同點，就只在於都是韓國電子產業必要的材料。

日本此舉當然會受世人訾議，認為是安倍為了讓韓國陷入窘境，所以選擇管制這三項物資以達到制裁目的。這麼一來，安倍政府的做法，就如同美國的川普政府對鋼鐵及鋁下禁令，濫用貿易法的安保條款。

不論「澳大利亞集團」或《瓦聖納協定》對武器出口管理的規範，都不是具有法令約束力的國際公約。兩者都是各國基於重視人道絕對價值的信任關係為前提，在防止殺人武器擴散的共識下，自發性相互合作的紳士協定。

在九〇年代的《瓦聖納協定》負責談判的日本經濟產業省官員，回顧當時的情形表示：

「各國不斷努力討價還價，設法避免自己國家占優勢的品項被列在清單。這個想法和不希望在世界挑起戰爭是相同的，我們並沒有偏離避免挑起戰爭的理念。」

國際政治的確並不全然是崇高的理念。場面話和真心話時常背道而馳，在人道的理念下，每個國家都有優先保護本國出口利益的私利，試圖在國際緊繃的平衡中，達成彼此同意的協定。話雖如此，若是違反信用道義的話，這些協定、組織就失去了存在的意義，因此基本上不能採取偏離協議原始理念的行動。

如果私利演變成兩國間的政治問題，傷害信用道義的代價就更巨大。若是沒有證據證明武器或零件有擴散之虞，利用多國協議而下禁令，理所當然會遭到濫用制度的譴責。安倍政權狙擊韓國致命弱點的半導體產業，明顯是犯規的招數。

企業經營考量的是投資報酬率

不論政權下的政治盤算為何，企業經營考量都是投資報酬率。

果然不出所料，日本一部分半導體材料廠商，把生產據點移到政府鞭長莫及的韓國境內或第三國。因為他們不可能白白放棄三星電子與ＳＫ海力士這些大客戶。

畢竟三星電子的半導體與電腦顯示器一年營業額達十兆日圓（約新台幣兩兆兩千多億元）；ＳＫ海力士光是半導體事業就超過兩兆日圓（約新台幣四千五百億元）。而日本最大的半導體製造商鎧俠，營業額大約是一兆日圓（約新台幣兩千多億元）以上。以材料買方的地位來看，韓國占壓倒性優勢。

製造氟化氫的是位於大阪的Stella Chemifa化工廠和森田化學工業，兩家公司都是大正時期創設的老字號。安倍政府想勒緊文在寅政府的脖子，卻同時讓日本中堅企業喘不過氣來。

這兩家日本企業受出口禁令影響，出口量大幅縮減，營業額急遽減少。就連製造光阻劑的東京應化工業，以及製造半導體過程中必要氣體的大金工業等，也開始把據點擴展到韓國。

企業為了生存，必須克服出口限制的阻礙。切斷日韓供應鏈攸關企業的生死存亡，這不僅對韓國半導體企業造成影響，也使得日本半導體材料製造廠面臨相同的問題。

反擊卻使漁翁得利

另一方面，韓國政府方面為了降低對日本的進口依賴，開始轉向半導體原物料及製造設備自給自足的策略。

根據韓國貿易協會發布的數據顯示，從日本進口氟化氫若以禁令啟動的二〇一九年七月為分界，進口總額從二〇一八年的六千六百八十五萬美元（約新台幣二十億元），急遽降低到二〇二〇年的九百三十七萬美元（約新台幣兩億八千萬元）。日本產品也從二〇一八年原本占進口總額的42％，降到二〇二〇年的13％。

相當於日本經濟產業省的韓國產業通商資源部加快了腳步，為了完成自給自足的供應鏈，立即訂定二〇二二年自行生產比率的目標，在原物料方面為70％；設備方面則為30％。同時也增設預算，編列了兩兆兩千億韓元（約新台幣五百億元）來補助製造設備的技術研發，比前一年的預算增加三成。

同時，韓國政府更指定地域設立稅制優惠制度，吸引外國企業進駐，成功招攬美國化工大廠杜邦在韓國設廠。

韓國半導體製造廠拚命尋找日本製原物料的替代品。有韓國政府當靠山，三星電子旗下的半導體公司Soulbrain開始製造幾乎和日本製相同純度的高純度氟化氫。SK海力士也開始量產氟化氫。

韓國企業不僅積極推動國內自行生產，也開始考量從中國調度材料。畢竟中國的原物料及礦物資源豐富，氟化氫主要原料來源的螢石就占了全球60％的產量。

即使中國製造廠的技術水準現在仍無法與日本同日而語，但實力逐漸提升也是事實。日本的制裁恐怕反而是把韓國推向中國，使中國漁翁得利，間接為中國強化了對供應鏈的掌控能力。

潘朵拉的盒子打開了嗎？

從安倍政府對韓國的出口禁令政策中，我們可以學到什麼教訓呢？一是日本保有優勢的半導體材料，可以作為戰略物資而具有破壞性的威力。

一般人十分陌生的原物料專門製造廠，也能夠扼殺外國的經濟。而世界各國則發現了日本手中握有這種隱藏攻擊的手段，日本不是一味接受美國軍事力量的保護，也有自己獨特的「武器」。

第二件事情是世界各國認識到「若是有必要，日本或許會使用『武器』。原來日本是這樣的國家啊！」一朝嚐過恐怖的滋味，這個經驗會成為心靈創傷。未來當面對地緣政治風險的緊張情勢升高時，或許氟化氫或光阻劑的影像會在各國領導者的腦海中甦醒。

原物料廠商的存在對日本來說有制裁他國的效果，但同時也不能忘記有成為他國攻擊對象的風險。

美國的動向也令人在意。

二〇二〇年十月五日，美國商務部公布，根據《瓦聖納協定》修改一部分管制出口清單。

新增列在管制清單的，是使用極紫外光（EUV）曝光設備時，能將極細線路蝕刻於半導體晶片上的軟體，以及用於製造5奈米晶圓的技術。在這之前的九月十一日，美國也曾指定在實體清單列入「單晶微波積體電路」等項目。這一波的管制項目雖然遍及各個領域，其中最引人注目的仍是與半導體相關的零件及軟體。

各國政府高舉著《瓦聖納協定》的人道名義，管制貿易的戰略物資清單愈來愈長。今後半導體相關物資在清單中所占的比例也將逐漸升高吧？半導體及半導體相關的各種零件或智財權，將成為難以出口的貿易管制項目。日本對韓國的制裁，或許打開了潘朵拉的盒子。

「掐住脖子」即使收到短期的效果，就長期來看終究是一枚迴力鏢。扭曲自由貿易原則的結果，可能是「作繭自縛」的下場。

專欄

瀕死的守護神

或許很多人會認為：「世界貿易組織（WTO）是自由貿易的守護神。即使川普向保護主義傾斜，負責管理貿易規範的國際機關，難道可以允許川普的蠻橫嗎？」

然而，WTO的約束力量並沒有一般人想像得那麼強大。雖然所有的WTO規則都是為了確保自由貿易而設，但仍有些許例外。其中一項就是國家安全。

具體來說，《關稅暨貿易總協定》（GATT）第21條、《服務貿易總協定》（GATS）第14條、《與貿易有關之智慧財產權協定》（Agreement on Trade-Related Aspects of Intellectual Property Rights, TRIPS）第73條，都有規範遇到「為了保護國家安全的重大利益，而認定必要時」，可以採取貿易管制的措施。

而且判斷是否對於保障國家安全有必要，並不是交給WTO，而是委由該國認定。條文中「戰時或與他國關係緊張時」，為保障國家安全之理由，可作為WTO規範的例外處理。

「戰時」意味著武力戰爭，「與他國關係緊張時」的定義則相當模糊曖昧，有無限擴大解釋的空間。事實上，川普政府正是援用這條WTO的特例，對鋼鐵及鋁發動第232條美國《貿易擴張法》。

但是，WTO不是有爭端解決機制嗎？應當能阻止美國的獨斷蠻橫才對……這個想法只對了一半。

若是其他國家認為川普政府的措施不當，要求WTO仲裁，會發生什麼狀況呢？若是審理的裁決結果對美國不利，不但無法解決問題，反而會使華府做出退出WTO的決定。一旦少了美國，WTO形同空殼，也將喪失國際組織的功能。

WTO存續的前提，是各國能夠遵守自由貿易價值之不成文的規定。美國若將核心從自由貿易轉移到國家安全，這個前提將徹底瓦解。

一般認為WTO應是「自由貿易的守門員」。然而，國際貿易政策專家開始紛紛質疑WTO終究無法脫離美國掌心的控制。

換句話說，現在的WTO已沒有能力約束美國《貿易擴張法》第232條。

第三章

盤旋環繞的颱風眼——台灣爭奪戰

台積電工廠內部。（圖片由台積電提供）

美、中、歐盟政府挹注五兆日圓（約新台幣一兆多元）以上的補助款輔助半導體產業，其中一個原因是為了掠奪網路的空間陣地。直到二十世紀為止，各國的地緣政治策略仍停留在擴大對陸地及海洋的控制權，但網路及情報通訊技術發達以後，決定地緣政治的要素不再只限於肉眼可見的土地或範圍。

大國之間發生台灣爭奪戰，就是因為在半導體價值鏈的地圖上，台灣是最關鍵的要衝。十五世紀後半崛起的大航海時代列強，經由好望角，發現從印度通往亞洲的航路，其中連接歐洲、亞洲的麻六甲海峽，更開啟了列強對海洋控制權的爭奪戰。

在如今的網路空間地圖上，半導體價值鏈就如同當年的印度航路，台灣則相當於麻六甲海峽，世界最強的半導體代工能力掌握在台灣手上。

能夠掌控價值鏈的大國，就等於掌控世界的霸權。

接下來就讓我們揭開台灣的半導體航路面紗吧！

1 出其不意現身的巨人

有如怪獸的企業

位於台灣的台灣積體電路製造公司（TSMC），從地緣政治觀點來看，現在絕對是舉足輕重的企業。以往台積電在世界舞台的知名度並不高，但隨著美中對立加劇，台積電因握有金鑰而躍上國際政治舞台成為要角，重要性與日俱增。

二〇二一年八月，台積電決定全面調漲產品價格時，震撼全球。獨占高階晶片製造技術與產能的台積電，掌握了半導體晶片指標價格的決定權。

二〇二一年六月時，台積電的市值約十五・六兆台幣（約五千兩百億美元），是日本壓倒性首位企業豐田汽車的幾乎兩倍。在全球市值企業排行中，台積電名列第十。在受託為其他公司生產半導體的代工市場中，台積電市占率為60％，遙遙領先第二名的三星電子（13％）。

除了台積電，台灣還有聯電（UMC）、力積電（PSMC）、世界先進（VIS）等其他強大的晶圓代工廠，但完全無法與台積電的規模抗衡。日本某家半導體設備製造廠一位已退休的經營者曾評論台積電：「與其說它是巨人，不如說它是怪獸般的公司更貼切。」

全球無廠半導體企業的唯一依賴

一提到代工廠，也許很容易讓人以為必須仰賴上游企業鼻息，地位重要性低於其他半導體大廠，但這樣的印象大錯特錯。全球競爭對手製造高難度晶片的技術能力，都無法和台積電相提並論，大廠只能委託台積電製造。台積電的客戶都是並未擁有自家工廠的無廠半導體企業，但台積電的立場可能比這些企業更強勢。

台積電立場強勢的原因之一，在於該公司和全球半導體企業建立的合作網絡。全球委託台積電生產晶圓的企業約有五百家，透過和這些企業的往來，台積電就能洞悉世界的需求。因此，台積電雖然看似是遠離最前線消費市場的工廠，實際上卻站在能接近市場的位置俯瞰整個產業。

從某件軼事就能佐證無廠半導體企業依賴台積電的程度。

在CPU（中央處理器，相當一部電腦的大腦）市場中，全球市占率第一的是美國大廠英特爾，緊追在後的則是美國超微半導體公司（AMD，簡稱超微）。然而，大約從二〇一八年起，這兩家公司的勢力競爭發生顯著變化。AMD逐年擴大市占率，使向來穩居龍頭寶座的英特爾勢力衰退，其中一大主因就在台積電。

超微執行長蘇姿丰（Lisa Su）以精明幹練聞名，她不惜支付解約金，和以往委託製造的晶圓代工廠美國格羅方德（GF）解除合約，於二〇一八年改委託台積電代工。格羅方德原本是超微的製造部門，超微藉由拆分製造部門而成為無廠半導體公司。兩家公司照理說淵源深遠，但台灣出身的蘇姿丰執行長深知格羅方德技術開發遠遠趕不上台積電，因此選擇和台積電攜手合作。結果成功開發足以和英特爾抗衡的CPU，從此英特爾的市占率逐漸下滑。

台積電和格羅方德的差距，在於台積電跨越7奈米製程這道屏障。要提高晶片密度，就必須縮小製程線寬，讓有限的面積容納更多電晶體。生產高難度的晶片，又能保有高初次產出良率（*First Pass Yield，良品數／實際生產數，計算整個製程第一次就通過所有測試的良品率，也稱直通率）的代工廠，非台積電莫屬。

比較看看全球代工廠精細化的技術能力吧！截至二〇二一年夏天，成功開發7奈米技術的公司，只有台灣的台積電、韓國三星電子、美國格羅方德、中國的中芯國際集成電路製造（SMIC，簡稱中芯國際），以及韓國的SK海力士五家。

更精細的5奈米製程，則僅存台積電與三星電子兩家公司，格羅方德、中芯國際及SK海力士尚無能力製造；更加精細的3奈米，目前只有台積電準備量產（*三星和台積電皆宣告於二〇二二下半年進入量產），並且在二〇二二年開始建造2奈米製程的新工廠。

1奈米約等於十億分之一公尺，大約等於十個原子的大小。在比病原體的病毒更微小的奈米世界，台積電依然持續守護著王者寶座。

強者誕生的真相

為什麼台積電如此強大？其實，半導體代工廠的商業模式，原本就是台積電創辦人張忠謀提出的構想。他認為將半導體透過製造、開發、設計的水平分工，能有效降低由一家公司包辦所有製程的投資風險。

張忠謀和台灣當局同心協力，於一九八七年成立專責晶圓代工廠台積電，以歐洲的飛利浦為首，接二連三地接獲來自美國主要半導體廠商的訂單。（*台積電創立當時，主要出資股東包括台灣行政院開發基金〔國發基金〕持股48.3%，技術合作夥伴飛利浦持股27.5%，及台塑等民營企業投資

24.2%股份。）

台積電獲利後繼續投資，投資後繼續獲利，甚至不惜舉債投資，產生更多獲利後，進行更多投資。二〇二〇年台積電營業額超過一・三四兆台幣（當時約四百五十五億美元），但已擬定二〇二一年的設備投資額規模為三百億美元，並預定從二〇二一年開始的三年期間，合計投資規模將上看千億美元。雖背負著巨額投資風險，仍懷抱持續高速成長的野心，不愧是名副其實的「怪獸」。

熟悉台灣及中國產業的日本亞洲經濟研究所研究員川上桃子，認為台積電競爭力的源泉之一是眾多的技術人才。她說：

「台積電聚集台灣最好與最聰明的人才，組成出類拔萃的工程師集團。」

的確，即使有再多的資金，一家公司若沒有技術就無法成長。台積電是重視技術人員的公司，據說工程師獲得的報酬，高達日本企業的三倍甚至四倍。

另外，也不能忽略台積電對機密資訊的徹底管控，因而獲得顧客企業信賴這一點。根據川上桃子的判斷：

「台積電在公司內建立起牢不可破的資訊管理系統，在台積電內部絕對不能交換相互競爭的顧客企業資訊。下至現場的從業人員，上至經營高層，任何一個台積電員工能經手的資訊都各有限制，受到嚴格的管控。」

半導體企業一旦失去客戶的信任，張忠謀建立的商業模式將一夕崩塌。謹慎嚴密設計的資訊防火牆，可以說是台積電的信用擔保。

敏銳判斷地緣政治而避險

川普政府祭出華為禁令以前，台積電的營業額約有一半來自美國，大約兩成來自中國，而中國的訂單多數來自華為子公司海思半導體。因此中國企業與美國企業都是台積電的重要客戶。

站在美國政府的立場，當然會擔憂美國企業的技術情報經由台積電而泄漏到中國。據說美國商務部及國防部從二〇一八年到二〇二〇年期間，曾數次派負責人到台灣聽取台積電報告。對台積電而言，美國的信任是絕對必須守住的防衛線。

不過，台積電也並非完全任由美國宰割，雖然台積電接受美國政府的要求，在亞利桑那州設廠，移轉5奈米的技術，但在台灣則已經先量產3奈米，甚至已著手建設2奈米的生產線。

亞利桑那州的工廠預計二〇二四年完工，屆時5奈米已不再是最尖端技術。美國政府當然也曾經提出希望轉移3奈米以下的技術，但即使對方是美國，台積電也不可能將珍貴的技術拱手讓人。

台積電也在與美國敵對的中國設置生產據點。二〇一八年底，南京工廠開始量產以12奈米及16奈米為主的上一代晶圓，只是技術層級中等程度的工廠，但台積電二〇二一年四月追

圖表 3-1　台灣是半導體供應鏈的要衝

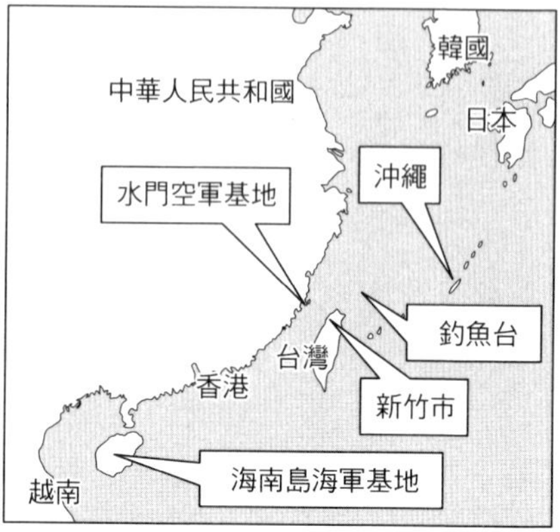

加挹注近二十九億美元（當時約新台幣七百九十四億元），決定擴大南京工廠產能，以解決汽車製造業嚴重的晶片荒，採用28奈米為主的成熟製程，而非先進製程。

台積電在董事會議上決定在中國投資，和美國政府交涉進軍亞利桑那州一事進入尾聲的時期重疊。在美中對立的緊張局勢下，台積電反而採取向中國靠攏般的行動，其實是為了在美中之間取得平衡，保持適當距離。

相信台積電必然評估過，如果移轉到中國的只是中階程度的技術，就不至於惹毛美國吧？這可說是對地緣政治風險嗅覺敏銳的台積電避險之策。

加強對台關係，美國意在半導體

我們先確認一下台積電的地理位置。

台積電總公司及主要工廠幾乎全集中在台灣西岸的新竹市，從台北搭火車到新竹只需一小時。台灣其他代工廠有許多也位於這個被稱為「亞洲矽谷」的半導體據點。

位於台灣經濟心臟位置的新竹，隔著僅僅一百五十公里咫尺之遙的海峽，就有好幾處中國人民解放軍的軍事據點，比如中國福建省的寧德有空軍水門基地（參見圖表3-1），配備超音速最新型戰鬥機及飛彈。

依據中國公開的空軍裝備資訊在地圖上對照計算，中國的戰鬥機從基地起飛，抵達台灣新竹只需五到七分鐘。

光從軍事面來看，只要中國有意，要讓台灣的半導體產業盡入囊中並非難事。雖說目前難以想像中國會從台灣海峽武力犯台，但習近平曾有藉著霸權鎮壓香港民主化運動的前例，且宣稱台灣是中國不可分割的一部分，就這層意義來看，台灣和香港的處境相同。

萬一新竹淪陷，全球供應鏈將地動山搖。美國之所以強化與台灣的關係，主要目的是穩定半導體供應鏈，而不只是為了守住民主主義陣營。

2 梅克爾的轉向──主戰場在南海

德國的積極發言

二〇二一年四月十三日，德國與日本透過視訊會議，首度舉行外交及國防部會首長的「2加2會談」。這次的會談是由德國方面提議進行。

德國外交部長馬斯（Heiko Maas）面對螢幕另一頭的日本外務大臣茂木敏充，及防衛大臣岸信夫，以冷靜的口吻表示：

「德日如果不積極聯手合作，未來不僅是經濟，政治或國家安全的遊戲規則也將由其他對手決定。站在德國的立場，我們希望能在印度－太平洋（Indo-Pacific，簡稱印太）地區，建立透明、包容和以規則為基礎的秩序，或相互組成集團防線，避免因霸權主義勢力擴張而受到支配。」

日本與會的兩位大臣對馬斯的發言頷首表示同意。雖然馬斯沒有指名道姓，但「霸權主義勢力」、「相互組成集團防線」，明顯地劍指中國。過去向來採取與中國和諧外交路線的德國，開始和日美並肩同行。

德國另一位出席人員，是國防部長康坎鮑爾（Annegret Kramp-Karrenbauer）。在這個會議不久前的二〇二〇年十二月，她曾發表派遣德國聯邦海軍巡防艦到印度太平洋巡弋的計畫。

「不應該為了滿足國家安全的野心而壓迫他國。」

康坎鮑爾表明對主張擁有南海主權的中國應提高警戒，並提及與日本自衛隊和其他國家的聯合軍演。德國已經意識到守護印太地區的海上航線，符合德國的國家利益。

這是德國首次作出針對南海問題發言，並主張壓制中國在南海的軍事行動，受到世界各國極高的重視。

經濟掛帥的十五年

很難想像地理位置遙遠的中國，會對德國造成軍事威脅。至少，就地緣政治理論，這是地理位置屬於「陸權國家」（land power）的德國，從二次世界大戰以來首次重視亞洲海洋安全保障。梅克爾政權過去向來以經濟掛帥，對亞洲的政治、安全保障問題，採取視而不見的態度。

德國前總理梅克爾（Angela Dorothea Merkel）從二〇〇五年就任以來，十五年期間曾十二次訪問中國，她幾乎每年走訪北京，卻過門不入日本。

德國前總理梅克爾（© EPP／Wikimedia Commons）

每當梅克爾訪問中國之際，必定有德國的頂尖企業隨行，包括德國福斯汽車、戴姆勒集團（*2022年2月1日更名為「梅賽德斯－賓士集團」〔Mercedes-Benz Group AG〕股份公司）、西門子、漢莎航空等德國指標性的重要龍頭企業。梅克爾每一次與習近平召開領導人會談，都會促成數千億日圓的商機。這種做法在日本會被批判是「官商勾結」，但德國的輿論從來不曾質疑與企業利益掛勾的外交手段。

為了博取國內出口產業的歡心，梅克爾向來採取親中路線。梅克爾長達十六年的總理生涯，正是因為有工商界的支持。若分析德國的出口國，中國與美國約各占總出口額8％，對於在中國市場獲利的德國企業而言，中國是極重要的市場。

就政治觀點來看，運用政治力量支援企業對中國的出口，尤其是經濟支柱的德國南部汽車產業，是德國政府理所當然的選擇。梅克爾政府絕對不可能與中國為敵。

既然如此，為什麼德國開始微妙地轉向呢？答案就潛藏在尖端技術領域裡德國與中國的關係，尤其是半導體產業的動態變化。雖然多數出口企業認為出口產品到中國是利益的泉源，但若是仔細分析技術趨勢，就能明白事實並不是如此單純。

德國產業界心理動向的改變

二〇二一年六月十三日，七大工業國集團領袖峰會（G7峰會）在英國康瓦爾召開，G7在會後聯合公報的「國際責任與國際行動」項目中，首度表明重視台海和平穩定。台灣外交部對此直接發表聲明，表示「高度歡迎與誠摯感謝」。

公報中寫道：「我們強調應重視台海和平與穩定的重要性。鼓勵以和平方式解決兩岸議題。我們嚴正關切東海與南海情勢。強烈反對任何改變現狀並加劇緊張的單邊行動。」

至於梅克爾總理，她只對中國表達消極的批判性文字，但對各國主張並沒有正面提出異議，或許應該說沒有「表現出反對的樣子」比較正確。這也無可厚非，德國一方面必須顧慮國內的出口產業，一方面也必須重視德國產業界開始警戒中國的部分聲音，因而對於中國採取保持距離的態度。從德國向來明顯採取親中路線的情況來看，這次微幅修正的態度，其中意義不容小覷。

德國改變態度的理由，雖然有一部分是習近平政權對香港民主化勢力的打壓，以及新疆維吾爾自治區的人權問題，但這只是冠冕堂皇的外交辭令，水面下則有其他因素暗潮洶湧。德國多數設置在巴伐利亞邦慕尼黑的汽車、半導體產業界，在對中策略上有了微妙的變化。

政治基盤的產業界風向發生改變，德國最大執政黨「基民盟／基社盟」（CDU／CSU）的立場自然必須跟著調整，尤其愈接近選舉，執政黨對產業界的聲音愈敏感。德國在二〇二一年九月舉行大選，新政權更替後，梅克爾不得不黯然走下總理寶座。

下一代的汽車產業霸權

想像一下汽車的近期未來發展，就很容易推測出德國汽車產業的內幕。汽油車及柴油車總有一天會從市場消失，二〇三〇年將有龐大數量的燃油車被電動車取代。電動車是以電能代替燃油，與其說是機械產品，不如說更接近電子產品。

隨著電動車的演進，自動駕駛技術的發展也日新月異，讓汽車在路上行駛的原動力不再是引擎，而是電動馬達。汽車由數據資訊控制行駛，而處理資訊的，正是半導體。

中國企業是研發電動車與自動駕駛的先驅集團之一。統稱為「BAT」的百度（Baidu）、阿里巴巴集團（Alibaba）、騰訊控股（Tencent）的中國網路三巨頭，各自透過子公司，快速投入電動車與自動駕駛的研究。更精確來說，企業已不再只是單純開發汽車本體，還涵蓋了汽車的服務系統開發，並以此作為附加價值的主軸。

BAT擁有從十四億中國人口衍生的大數據資產。要開發電動車與自動駕駛，這個數據不可或缺。由於中國政府支持在公路上進行實驗，相信必定能蒐集更龐大的道路駕駛的數據。相當於二十世紀石油資源的數據資產，在中國境內幾乎源源不絕。

承載數據的半導體晶片，因為要控制行駛在路上的汽車，所以必須以超高速處理龐大的數據資料。不論5G通訊速度再怎麼快，若要在0.001秒間判斷視覺訊息，從汽車把數據資訊傳送到伺服器必定緩不濟急。因此必須開發專用的車載晶片，而開發這種晶片需要中國的大數據。

據稱BAT投入超過數百人的龐大陣容，研發驅動系統、行控系統、感測系統等電動自駕車的關鍵零組件。為了讓電動車搭載晶片與運算法能領先歐美日，中國企業更與輝達等美國製造廠進行技術合作。

防止汽車帝國的落幕

以往在機械工程領域，德國汽車大廠始終領先走在全球前端，但並不代表他們在電子工學的數位領域也同樣傑出。美國、韓國、台灣、日本的半導體發展遙遙領先德國，而現在中國的數位企業，更緊追在德國企業之後。

一旦汽車成為資訊設備產品，以機械領域自負的德國企業或許就不得不讓出龍頭寶座。這麼一來，取而代之領導汽車產業的，就會是美國的GAFA或中國的BAT這類掌握大數據的平台，將比傳統汽車大廠占上更優勢的地位。

但這也代表，今後各國必須評估從中國獲取電動車或自動駕駛的開發數據、技術的風險。從獨裁色彩濃厚的習近平政權作風就能知道，中國政府把手伸入民間企業的經營根本不足為奇。只要中國政府有意染指，不光是解除中國企業與外國企業的合作，就連接管合資企業也易如反掌。

德國企業雖然在產品製造領域具有優勢，但因為中國企業搶先蒐集數據，使德國今後仍必須繼續仰賴中國供給技術，以致中國不再單純只是德國的消費大戶。

這麼一來，德國產業界就不能過度依賴中國。在技術層面與中國企業的合作也應當謹慎戒懼。德國政府勢必得修正經濟掛帥的路線，基於這些因素，德國產業界也開始出現與中國脫鉤的聲浪。

二〇二一年八月二日，德國海軍巴伐利亞號巡防艦，從面向北海的港町威廉港出海，經過地中海穿越蘇伊士運河，再經由印度洋前往南海。

以陸權為核心的德國，終於出動海軍，目標正是台灣周邊的海域。

以「伊麗莎白女王號」航空母艦為中心的英國艦隊航向東海。
（圖片由英國海軍提供）

其實早在同年五月，搭載F35B隱形戰鬥機的英國皇家海軍史上最大軍艦「伊麗莎白女王號」航空母艦，就已從英國南部普利茅斯港的海軍基地出發，航向東亞。英國不只出動航母，還包括飛彈驅逐艦、巡防艦、潛水艇、補給艦等一整個航母打擊群。

美國海軍與荷蘭海軍驅逐艦也和英國艦隊同行。就連法國的馬克宏（Emmanuel Macron）政府，也派出法國的花月級巡防艦、紅寶石級攻擊核潛艦「翡翠號」等前往南海。

站在中國的角度，歐美艦隊正接二連三入侵中國主張所有權的台灣與南海。

二〇二一年四月十九日，由二十七國外交部長參與的歐盟外交事務委員會（EEAS, European External Action Service），表明為了維護歐盟利益，應在安全保障與貿易等領域，提高歐盟對印太地區的影響力。

九月十六日，歐盟通過《歐盟印度太平洋地區合作戰略聯合公報》（Joint Communication on the EU Strategy for cooperation in the Indo-Pacific），明確提到將尋求與台灣建立深厚的貿易和投資關係，為解決半導體供應鏈對中國的依賴，將與日本、韓國和台灣等夥伴合作。

連一般視為親中派的德國也是主導此議題的一國，由此可見招攬台積電到德國設廠的構想也在檯面下進行。

3 台積電眼中的日本價值

台積電需要記憶體設計工程師

二〇二〇年十一月美國總統大選後，拜登政府上任。台積電彷彿刻意盤算過，選擇這個時機點接受採訪。電話另一端，接受採訪的是台積電資深副總經理、統籌亞洲地區事業的侯永清，他以帶有中文腔的英語，不疾不徐地講述台積電不曾公開發表的日本策略：

「日本這個國家對台積電的價值？嗯，日本有很多優點，在半導體原物料、機械設備等領域，確實有許多優秀的企業。但台積電最渴望的是日本人才。說得更具體一點，是記憶體的設計工程師。」

「（台積電）原本預計在二〇二〇年底要雇用五十位以上的工程師，由於新冠肺炎疫情的影響，目前雇用人數只有二十多人。所以必須加快腳步，否則將趕不上二〇二一年底預定增加到一百名以上工程師的計畫。」

我從以前就透過台灣友人介紹，多次想採訪台積電，但該公司的公關部負責人總是表示：「請再給我們一些公司內部討論的時間」，始終無法如願採訪。再加上台積電是半導體代工廠，原本就是難以一窺究竟的公司。

話雖這麼說，但站在我的立場不可能放棄採訪台積電。因為我認為在美中對立加劇的情勢下，就地緣政治來看，台積電是全球最重要的半導體企業。台積電接受美國與中國的製造委託，究竟採取什麼樣的策略在美中的夾縫關係求生存？

我向台積電公關部表達，期望採訪的內容是美中對立對台積電經營層面的影響及供應鏈變化。

台積電指定可接受採訪的日期，是美國總統大選結束後的二〇二〇年十一月十日，正值華府政權交接，兵荒馬亂的時期。我之前無法進行採訪，或許也是台積電的政治考量。美中關係更加惡化的情況下，台灣自然成為注目的焦點，台積電對媒體的發言必須更謹言慎行。

美國大選後的這段時間，世界各國媒體的注目焦點都是華府的新聞稿，包括大選落敗後仍試圖緊咬權力不放的川普、急於組建新政府的拜登……新聞充斥著即時發布的美國政治動向。

在這種混亂的狀況下，不管一家台灣企業對媒體發表了什麼訊息，影響力都會削弱，這是企業宣傳時經常使用的「稀釋策略」。或許這正好是台積電對媒體採訪相當敏感的佐證。

台積電提出了許多要求，指名哪些內容可記錄發表、哪些不能公開發表，侯永清的發言該如何刊載等，條件再多我們都只能接受。因為新冠疫情無法到台灣面對面採訪的情況下，唯有靠一通電話。

日本是開發據點？

「就如您所知道的，我們和東京大學成立共同研究專案。目前有五、六個研究主題在討論當中，正要進入決議的最後階段。順利的話應該可以在兩、三年後提出成果。我們或許將會根據共同研究的經驗，進行下一階段的開發主題。」

台積電從二〇一九年開始強化與東大的關係，在基礎研究上共同合作。但侯永清透露的不僅是這部分，而是更進一步在日本建立大規模研究開發據點的計畫。雖然先前曾有傳言台積電要在日本茨木縣筑波市設立研發據點，但外界完全不知道規模大到必須招募超過上百位的人才。

台積電到日本設立據點，是為了研發材料與商品設計，而不是為了生產半導體。然而對日本而言，更重要的是實際製造半導體產品的工廠。

日本的經濟產業省在這個時期，正為了與力邀台積電到亞利桑那州設立工廠的美國抗衡，也在檯面下力邀台積電到日本設廠而持續交涉當中。如果就這個目標來看，日本政府對於侯永清發言中的「日本是研究開發的據點」，應該有點沮喪。難道台積電沒有在日本看到作為生產據點的價值嗎？

經產省想要的不僅是研究據點，因而積極力邀設置工廠。明知希望渺茫，我仍一再追問：「請問台積電和日本政府進行了什麼樣的對話呢？」但還是得不到回答。

「關於這個問題我無可奉告。」

侯永清沒說不知道，而是說無可奉告，就表示交涉仍在進行當中，在日本設廠仍然可能實現。

因此，我便詢問了建廠的可能性：「台積電有可能在日本生產半導體嗎？」

「現階段還沒有這個計畫……」當時侯永清的答案雖然是否定的，但其實經產省與台積電的交涉已有相當程度的進展。這項計畫與日本某家半導體大廠有關，祕密交涉的成果在一年後的二〇二一年秋天才浮上檯面，有關這部分的內容，我打算在下一章討論。

「有關這個問題我並未參與……」

雖然得不到是否在日本設廠的明確答案，那麼台積電在美國亞利桑那工廠的計畫是否順遂呢？台積電在二〇二〇年五月正式發表，將挹注一百二十億美元（約新台幣三千六百億元）在美國設立工廠。

我詢問侯永清：「台積電在日本以外國家的計畫，進行得如何呢？」

「如您所知，我們正在討論美國的專案，目前專注在那個計畫，也許敲定美國的設廠計畫後，才會看看其他國際市場，思考其次的計畫。在那之前不考慮在其他國家設廠。」

台積電在亞利桑那的工廠於二〇二一年開始動工，預計二〇二四年開始運轉。然而，台積電雖然發表了計畫，但有關美國政府的補助款規模、成本問題、雇用、環境評估等，之後的進展全然沒有報導，究竟現況如何呢？

「請教您亞利桑那工廠目前的狀況？」

我剛提問就被公關部負責人連忙打斷對話，表示有關亞利桑那工廠一律不對外說明，訪談就在這裡結束。

公關部負責人強烈的語氣和侯永清最後對於亞利桑那工廠的發言重疊，令我印象十分深刻。

「有關這個問題我並未參與……」

侯永清身為經營團隊的一員，負有經營的責任，照理不至於沒有參與。台積電不對外說明想必是和超越經營判斷的政治力量有關。依我的直覺判斷，台積電不僅對於在日本設廠有疑慮，就連美國，也不是因為懷有高度意願才去設廠的。

4 迫害下誕生的「半導體之父」

發言中的溫度差異

採訪資深副總經理侯永清半年後的二〇二一年四月十三日，台積電經營高層的劉德音董事長公開對亞利桑那州設廠計畫表示：

「我們有信心在亞利桑那州興建的5奈米廠，在與美國政府跨黨派的合作下將會成功。」

這是他親自出席由美國政府主辦的「半導體執行長高峰會」時的發言。

他表示台積電這一年將依預定計畫開始動工，話雖這麼說，從他的言詞中卻感受不到絲毫熱情，給人的印象只是事成定局而依例行公事發表的外交辭令。

之後，台積電創辦人張忠謀在四月二十一日的演講，彷彿否定劉德音董事長發言般地表示：「美國和台灣相較之下，希望進入製造業的人口較少，要招募大量的優秀人才極為困難，成本也相當高。」

「台灣自願進入製造業的優秀人才很多，這是非常重要的發展因素。但美國並非如此。」

「即使給予短期的補助款，仍無法補貼長期的成本。」

張忠謀所要傳達的，是前往美國設廠就投資報酬來看是一步壞棋，原本他只想在台灣設廠。創辦人和現任經營階層的公開發言之間，有著強烈的溫差。背後因素是台灣與美國之間的拉鋸戰。

巨人的苦難

張忠謀被稱為台灣的「半導體之父」，是ＩＴ產業界的頂尖傳說人物。他曾在美國的半導體大廠德州儀器（TI）服務超過二十年，然後回到台灣創立台積電。以強勢領導作風將台積電培育成全球最強的晶圓代工廠後，於二〇一八年六月，退出經營的主要舞台。

台積電創辦人張忠謀。
（© 台灣總統府／ Wikimedia Commons）

即使他退出第一線，張忠謀對台積電的經營仍有絕對的影響力。半導體之父的發言分量舉足輕重，他曾公開表示反對在亞利桑那州設廠。在演講中說起台積電的競爭力泉源時，他提出了以下的論述。

「重要的是主要經營高層必須是台灣人，就和對手三星電子的高層都是韓國人一樣。」

談到對手公司的美國英特爾，他甚至語帶

諷刺地說：

「他們應該萬萬沒想到，台灣的代工廠會變得如此重要。」

「一九八七年創立台積電之際，我一開始原本找過英特爾投資，但他們是霸主，看不太起我們。然而三十年後的現在，英特爾表示要和台積電一樣投入晶圓代工，對他們來說應該是當年預想不到的變化吧？」

張忠謀不畏懼韓國這個對手，也絲毫不畏懼美國財政界。只要看看他的成長軌跡，應當就能明白他的驚人膽識從何而來。

張忠謀出生於一九三一年七月十日。他並非在台灣出生，而是在中國的浙江省寧波市。寧波是位於上海南邊約兩個半小時車程的經濟發展中心。

張忠謀的父親在寧波市中心鄞州區任職公務員，從事財政工作。一九三七年抗日戰爭爆發期間，張忠謀遷往香港，在香港的小學就讀。

然而，日軍於一九四一年占領香港，逃離香港的張家於一九四三年遷居重慶，一九四五年抗戰勝利後，再次回到故鄉上海、寧波等地。

一九四八年國共內戰，張忠謀一家又從寧波市移居到英屬香港。這是因為他們一家當時受到共產黨的追殺。由於張忠謀的父母支持蔣介石帶領的國民黨，毛澤東樹立政權的話，可想而知他們一家絕對免不了遭到迫害。張忠謀有大半輩子都因歷史洪流而流離奔波。

香港這個城市對青年期的張忠謀而言，有如第二故鄉。童年時由於父親工作、日軍侵略等因素，他輾轉在江蘇南京、香港西北方的廣東省廣州等地落腳。

一九四九年十月一日，毛澤東站在天安門前，宣布中華人民共和國建國。之後，共產黨軍隊於十一月三十日攻陷重慶，蔣介石帶領的國民黨政府撤退至台灣，中國大陸則持續了一段時期的內戰。

一九五〇年中國共產黨人民解放軍於內戰獲勝，逃往國外的門被關上了。張忠謀父母在千鈞一髮的歷史夾縫中逃出中國，前往美國。

少年時代的張忠謀，周遭的人都認為他十分聰明，學業成績也相當優秀，據說他原本志在成為小說家或記者，應當是個關心社會，正義感強烈的年輕人吧？然而，在講求實際的父親反對之下，他只好放棄舞文弄墨的道路。父母發自內心的想法，應該是認為生死一線之隔的戰爭亂世，不是鑽研文學的時候。

張家短短幾年間的逃難歲月，奔波的距離幾乎相當於日本列島從南到北。張忠謀在多愁善感的青年期，懷抱著夢想從緊張的戰亂中活下來，不難想像他從遭迫害的恐懼中磨練出對地緣政治的敏銳嗅覺。

美國的高科技人才

一九四九年，張忠謀前往美國進入哈佛大學就讀。大二時轉學進入同樣位於波士頓的麻省理工大學（MIT），一九五二年取得機械工程學士、隔年取得碩士學位。離開中國短短三年多，原本是中國文學青年的張忠謀，成為美國的科技人才。

從ＭＩＴ畢業後，他被電器製造商希凡尼亞公司（Sylvania Electric Products）錄用，在新成立的半導體部門負責研究開發，三年後跳槽到德州儀器工作，沒多久就升為工程部經理。

一九五八年到一九八三年這二十五年期間，他快速地出人頭地，甚至晉升到統籌半導體事業集團的副總經理。張忠謀在自傳中說自己出身德州儀器，是因為他身為工程師的能力與經營手腕都在該公司中磨練出來的。

這裡稍稍偏離一下話題，我想介紹希凡尼亞這家公司，青年時期的張忠謀在這裡獲得了第一份工作。若要思考張忠謀成為台灣半導體之父的原因，我認為他在這家公司的經歷值得探討。希凡尼亞創立於二次大戰前，雖然是家名不見經傳的公司，但有兩個場所可以見到這家公司的名字，那就是迪士尼樂園及高級音響店家。

希凡尼亞是收音機、電視、電器零件的製造商，也是迪士尼樂園大受歡迎的遊戲設施「小小世界」（It's A Small World）的贊助商。入口標示的「希凡尼亞」商標，或許有人仍在記憶的角落留有印象。

對音響愛好者而言，「希凡尼亞」意味著真空管製造的擴大機品牌。原本希凡尼亞公司的前身是電燈製造商。電燈和真空管的共通點是讓玻璃內部成為真空的技術。該公司的事業從電燈轉移到真空管，可說是順其自然。

張忠謀進入希凡尼亞的一九五〇年前後，是該公司第二個轉機，因為這是電子技術從真空管變為半導體的過渡期。希凡尼亞自然也希望跟上時代的浪潮，採行公司內部創業（intrapreneurship）做法，募集人才，而這時被選中的其中一人正是張忠謀。

在這之前，張忠謀並非從事半導體的研究，他專攻的是機械而非電機。如果不是因為時代的機緣而被原本電燈製造商的希凡尼亞雇用，或許就不會誕生台灣半導體之父了。

張忠謀在一九八五年回到台灣，是因為技術官僚出身的政治家孫運璿三顧茅廬（*張忠謀起初婉拒孫運璿的邀約，直到一九八五年時任工研院董事長徐賢修赴美力邀，才決定回台灣）。孫運璿在蔣經國的內閣成員中以建構台灣高科技產業基礎而聞名，在孫運璿四處奔走之下，台灣在一九七三年官商共同設立工業技術研究院（ITRT）的國家政策，孕育出台灣的半導體產業。

張忠謀應孫運璿之邀，先後擔任工研院院長及董事長，在政官界成為最重要的樞紐人物而大展長才，而後於一九八七年（*在時任「科技政務委員」李國鼎的大力推動下）著手設立台積電公司。

中日戰爭與國共內戰的時期，他形同逃亡般地前往美國，在技術變化風起雲湧的時代，被拋進半導體的世界。雖然非本人的意願，在毛澤東、蔣介石、東條英機（*日本軍國主義代表人物，二戰結束後被認定為甲級戰犯）等人興風作浪掀起歷史波瀾之際，也誕生了張忠謀這樣的傑出人物。

因為中國共產黨，張忠謀逃離中國，在美國的半導體業成長，然後回到台灣創立了台灣的半導體產業。現在美國為了對抗中國，望穿秋水渴望得到台積電。台積電可以說是因為美中對立的關係，而站上與美國平起平坐的位置。

台積電不向中國屈服，但也不對美國言聽計從。對於從戰火煙硝與技術革新的浪濤中踏浪前行的張忠謀而言，或許現在的美、中、台拔河角力，只不過是歷史上的一步棋。

專欄

日本晶圓代工廠曇花一現的美夢

在受託製造半導體的全球多家晶圓代工廠中，一般公認台積電擁有的頂尖技術能力，全球任何企業花上十年也望塵莫及。

然而，日本也有在國內扶植代工廠的想法，若是能成功，全球半導體製造商完全依賴台積電的過度集中版圖，或許就會有所改變。

二〇〇〇年三月二十一日，日立公司自信滿滿地宣布：「我們（與聯電）成立生產300mm晶圓（等於12吋）的『Trecenti科技』合資公司，地點設在日本茨城縣常陸那珂市的日立LSI製造營運N3大樓，將使用先進的製程技術製造領先業界的12吋晶圓。」

日立公司的合資對象是台灣的聯華電子（UMC），這是當年和台積電並駕齊驅走在業界前端的台灣第二大代工廠，據說技術與台積電勢均力敵。

新公司名稱的「Trecenti」一字在拉丁文中的意思是「300」，反映出該公司將以最快速的交期量產當時最先進的300mm晶圓，成為全球的開路先鋒。這在當時，是台積電尚未實際投入製造生產的領域。

日立之所以選擇和外國企業合資，應當是阮囊羞澀的緣故。光是挹注在劃時代技術，最起碼也要花費七百億日圓（當時約新台幣一百九十億元）建設生產線，在當時是龐大的金額。日本泡沫經濟崩壞後，每一家日本廠商都滿身瘡痍，這筆金額不是一家公司單打獨鬥就能張羅出來的。

日立不僅在國內尋找合資對象，也向美國、歐洲等企業招手，卻沒有得到令人滿意的答覆。唯一表示有興趣的，就是台灣的聯電。

為了說服對於技術門檻過高而裹足不前的聯電，統籌日立半導體生產技術的小池淳義特地飛到台北，與聯電董事長曹興誠直接洽談。

小池開始說明不到十五鐘，曹興誠便與小池握手，決定與日立攜手合作，「確實有風險，但對彼此都很有意義。好！我們合作！」

這一刻，是在日本國內建設最先進晶圓代工廠的台日結盟的瞬間。

Trecenti科技公司的傲人技術，是能以低成本大量生產晶片。量產系統完備後，全球的其他廠商也紛紛關注，包括這個時期快速成長的美國高通。不過，高通對於Trecenti科技是對手企業日立的子公司有疑慮，因此在下訂單時加上一個條件，希望

Trecenti科技能從日立獨立出來。

站在日立的立場，當然想加強與搖錢樹Trecenti科技之間的關係。然而當時日本社會的氛圍，普遍認為承包其他公司委託製造的商業模式是矮人一截，對「下游包商」存有鄙視心態。日本首次的晶圓代工構想，在日立面前形成一堵巨大的牆。

之後，半導體面臨景氣低迷，使得日立不得不放棄半導體部門，聯電也從Trecenti科技撤資。講述歷史原本不該談「如果」，但若是Trecenti科技能順利發展，也許就不會有今日台積電獨霸的狀況。若是日本當時能有支援Trecenti科技面對不景氣的政策，或許就能栽培出全球數一數二的晶圓代工廠。雖然這些都是放馬後砲。

二〇〇二年二月十九日，Trecenti科技公司成立僅僅兩年後，聯電與日立共同宣布，終止雙方聯合經營的合資關係。台日聯合的晶圓代工計畫，就此煙消雲散。

雙方合作時，聯電曾以總經理吳宏仁的名義發表聲明：

「Trecenti科技的合資事業，是極盡所能發揮聯電與日立雙方的強項，造就快速成立全球第一座量產12吋晶圓廠的偉業。」

然而這個「偉業」卻無法持續下去。

該說是歷史的諷刺嗎？Trecenti科技建設的N3大樓，就是二〇二一年三月發生大火的日本瑞薩電子那珂工廠（茨城縣常陸那珂市）的N3大樓。晶圓代工計畫的美夢化為泡影後，同一棟建築再次烙下深深的傷痕。

第四章

習近平的百年戰爭

習近平當局目標達成晶片的「自給自足」，已對半導體產業挹注超過千億美元。
（© William Potter ／ Shutterstock）

1 華為的想法

分析一九八〇年代日美紛爭，預做心理準備

二〇一九年五月十五日，川普政府下達關鍵性的華為禁令，將華為列入美國出口管制的黑名單。媒體對華府方面有相當多剖析報導，但當時華為如何看待此事？又如何應對呢？

半導體供應鏈就像是華為的阿基里斯腱。美國政府踩住了這個痛腳，將有如華為大腦般的子公司海思半導體孤立了起來。

雖然華為完全否定間諜行為及與中國政府的關係，但捲入國與國的紛爭時，企業能夠採取什麼樣的應對策略呢？我覺得應該詢問當事人的說法，才能知道華為內部的情況。

「川普政權加強制裁禁令後，華為公司內部進行過什麼樣的討論呢？」

華為日本分公司董事長王劍峰在二〇二一年接受採訪時這麼說：「坦白說，我們立刻就採取行動。我們分析了一九八〇年代的日美貿易衝突。公司的經營策略部門也仔細調查過日美交涉的過程及協定內容，向董事會報告調查結果，並討論站在公司立場應當如何解讀《日美半導體協議》，最後作出的結論如下。

「日本作為美國的同盟國，尚且遭到如此嚴苛的對待，那麼，我們顯然只能捨棄不切實

際的幻想。除了正視現實、踩穩腳步以外，別無他法。於是我們制定了方針。

「我想您應該也記得很清楚，我在《日美半導體協議》中讀到一件事，令我印象十分深刻。那就是日本企業被迫開放手上所擁有的一千多項專利技術。當時日本在半導體產業，尤其是記憶體領域領先全球，但美國強行要求日本開放象徵國力泉源的專利技術，令人驚愕不已。」

或許華為就在這時死心了。他們知道無論如何都難以阻止制裁，在二〇二〇年初時便已有這樣的心理準備。

華為日本分公司董事長王劍峰。（圖片由作者提供）

直到二〇二〇年五月為止，出口禁令已宣布長達一年，儘管過去一年來，川普政府多次發出臨時許可證（Temporary General License，簡稱TGL），相當於寬限期，來暫緩實施，但最後一次延長終將在八月中到期。尤有甚者，川普政府此時更進一步加強禁令，規範任何使用美國技術來生產的設備或軟體的第三國企業，都不得向華為出口晶片。這條禁令使得台積電不能再出貨給海思半導體，因為台積電的製程中也使用了美國的技術。（*二〇二二年八月九日拜登簽署《美國晶片與科學法案》〔CHIPS & Science Act〕，進一步限制取得美國政府補貼的企業〔包括台積電在內〕，十年內不得於中國或其他對美國不友善國家建廠。）

聽了王劍峰的話，我腦海中不禁浮現出過往曾參與日美半導體談判的日本官員談及此事的神情。每次談到這場談判，他們就因回憶湧現而露出苦澀的表情，充分展現了被迫接受不平等協定的長久怨恨。

與其說達觀，不如說是現實主義

華為是一間自尊甚高的中國企業，站在華為的角度來看，很難想像他們能坦然接受「蠻橫的美國政府制裁」。

「您難道不會不甘心嗎？」

王劍峰有那麼一瞬間露出困惑的表情。

「當然會不甘心。但是我認為這也是競爭的一環。我過去參與過各種專案工作，總會遇到意想不到的困難。

「感情用事沒有幫助。我只能面對現實。當然，一開始情緒是很激動的。5G設備被迫從市場退出時，我幾乎每天都徹夜難眠。

「每天直到半夜三、四點都無法入睡，我就一直盯著新聞，讀歐洲的報紙、日本的報導……一一確認所有的媒體報導，只想掌握最新的動態。

但隨著時間流逝，我的心情愈來愈平靜。沒錯，我變得平靜了。」

只不過一年前的事，王劍峰卻彷彿在遙想過去一般，以沉穩的語調述說。因此，與其說他達觀，不如說他是現實主義。

王劍峰出生於浙江省金華市。從浙江大學電氣工程學院畢業後，在華北電力大學讀完研究所，二〇〇一年五月進入華為。進入華為後大半時間都在海外工作，在日本待了十三年。日美半導體貿易紛爭正烈時，他還只是一介少年。

以新事業策略絕地求生

先不論王劍峰的個人感想，華為公司內部的氣氛如何？經營階層有什麼想法呢？

「請問在預期美國政府將持續制裁的情況下，華為本身有任何對策嗎？或者您不排除總有一天將恢復原來狀況的可能呢？」

「說實話，公司內部幾乎沒有這樣的討論。只有一點共識，就是如何『絕地求生』。這是競爭，總之只能設法活下去。這個方針是確定的，因此我們必須擬定新的事業策略。

「半導體晶片的問題光靠自己無法解決。現在只能強化不易受到（半導體問題）影響的領域。

「遭受重挫的智慧型手機部門已經無法挽救。我們只能把精力用在平板、筆記型電腦、電腦螢幕、智慧手錶等，就這樣調整現有的事業經營方向。

「此外，我們也在思考是否能將過去累積的技術運用在其他領域，比方說能源領域。」

王劍峰舉例，華為過去曾開發機房等設施所使用的供電設備，若能將這些技術運用在太陽能變流器上，就能創造新的收益來源。

其他例子還包括開發電動車的電子零件。也就是說，先進半導體的用途並不限於智慧型手機。在王劍峰未來的藍圖中，華為將不再只是製造產品，而是把觸角延伸至產業的數位轉型，成為販賣通訊技術和網路能源解決方案的公司。

華為是從一九九〇年代開始自行開發半導體，因為作為企業通訊設備的製造商，本來就有必要製作自家產品專用的晶片。

子公司海思半導體以生產一般消費者使用的智慧型手機晶片而聞名，但其技術終究是奠基於生產企業用設備。在遭到制裁後，華為內部想必早已浮現回歸企業用設備領域以尋求出路的想法了吧？果真如此，這可是大幅度的方向調整。

不依賴台積電的戰鬥

話雖如此，海思半導體在智慧型手機磨練出來的尖端技術，應該難以輕易捨棄。中國政府想必也不會接受生產技術倒退這樣的選項吧？華為究竟如何看待供應鏈所發生的改變呢？

儘管與台積電斷了關係，華為是否仍有求生之道？

「請問華為能夠不仰賴台積電，在中國國內生產高端半導體嗎？」
「據說一九九〇年代的聯想（Lenovo，中國最強勢的個人電腦製造商）曾發生過這樣一件事。當時聯想針對公司的未來展開種種討論，要從貿易、工業、技術這三種領域中，選出一種作為重點發展方向。
「討論的結果，當時判斷應該以貿易為優先——也就是從海外大量採購，然後在中國加工、生產的路線。我想多數中國企業都是採取這種模式。
「坦白說，或許就是因為這個緣故，才導致中國在某個領域的技術能力難以提升吧？我們在製造的領域落後了。中國就是這樣的國家。」
「無法獲得台積電供應的晶片，華為就只能使用中國國內代工廠生產的晶片嗎？」
「5G智慧型手機搭載的是海思最先進的晶片。晶片由海思設計，委託台積電製造。中國的設計能力相當傑出，但製造技術卻遠遠不及。中國並沒有能夠製造7奈米以下晶片的晶圓代工廠。
「在中國，具有尖端技術的晶圓代工廠只有五、六家，然而其中最大的中芯國際也受限於禁令。最重要的是，這門生意需要龐大的投資……就華為的立場而言，我們當然會支援晶圓代工廠提升製造能力。」
從製造面來看，中國要解決的問題似乎相當多。台積電雖然設有南京廠，但在這裡製造的並非最先進的晶片。

智慧型手機需要最先進的晶片，但華為無法在中國取得。對於海思無法發揮晶片的設計技術，王劍峰露出遺憾的神情。

生產設備也暴露了中國的弱點

中國若要提升晶片製造能力，首先需要的是半導體的生產設備。但中國的設備製造產業尚未起步。

「請問華為的生產設備調度情況又如何呢？美國政府也限制了這部分的出口。華為從國外進口設備時，是否也遭遇阻礙呢？」

「受到美國出口禁令限制的生產設備，中國除了設法自行製造，別無他法。然而，如果是和製作最先進晶片無關的生產設備，美國的製造商還是能夠繼續供應給中國。

「華為遇過這樣的情況——我們在日本千葉縣船橋市擁有一座生產研究實驗室，需要引進新的生產設備。公司內部調查指出並沒有牴觸美國的禁令，然而詢問日本的製造商後，卻遭到拒絕。

「我們沒辦法，只好向德國和瑞士的企業調度設備，繞了大半個地球才取得。」

王劍峰雖然話說得委婉，實際上卻是批評日本和歐美企業判斷標準有差異。依他的判斷，歐美企業應對政府規範的方式就是清清楚楚地依法行事，不在禁令限制內的產品，可以光明正大地出口。但相對地，日本企業卻充滿了察言觀色的文化。

如果是一般設備，華為必定能從海外設法調度到。但是牽涉到高科技的機器設備，中國製造商的技術能力並非一朝一夕就能養成的。

除了生產半導體本身的技術能力之外，半導體的生產設備也暴露了中國的弱點。

腦袋靈光身體卻孱弱不堪，偏又身處這未成熟產業結構中心的，便是華為。

川普禁出口5G晶片，美國企業反彈

「海思設計的智慧型手機用5G晶片無法再由台灣供應，那麼能夠從其他地方進口所需的晶片嗎？」

「最近有好消息。美國的高通可以重新供應晶片了（但不是最先進的5G晶片）。雖然只能供應4G晶片，但我們仍十分開心。因為手機市場仍然以4G為主流。

「公司原本的方針就是讓高階機種使用海思製晶片；中階則使用高通製晶片。過去一年，我們從高通購買大約五千萬顆晶片。若是能再次從高通調貨，就能推展智慧型手機事業。

「我現在仍清楚記得。比高通先採取行動的美國企業是英特爾。英特爾在制裁清單公布後就快速採取行動，一個月後開始出口禁令外的晶片到中國。接著德州儀器、安華科技也相繼跟進。

「我不認為（美國企業敢出口晶片）是因為這些大企業的政治影響力強大，我想是文化的緣故吧？當時日本的製造商表現得戰戰兢兢、手足無措。」

就如同華為需要美國製晶片一樣，美國的半導體廠商也需要中國市場。事實上，美國的半導體業界對於加強出口禁令也表示反對，要求川普政權放寬限制。

王劍峰想說的是，如果美國企業不是依國家安全，而是依商業邏輯來行動，美中之間的供應鏈根本不會中斷。

尤其高通原本對中國市場依賴度很高，若是出口禁令時間延長，想必損失也極為慘重吧。

美國政府目前禁止企業在5G等先進領域與華為進行交易，但華為仍可以繼續接受英特爾供應一般伺服器用的中央處理器（CPU）。

美中競賽有結束的一刻嗎？

美國政府以開放國內的龐大市場作為槓桿，招攬台積電及三星電子設廠。但中國也把國內市場當作提升調配能力的槓桿。

貿易戰爭的舞台背後，是市場吸引力的拔河戰。檯面下則有各國政府與國內企業間的角力。

川普扣下扳機，掀起這場貿易制裁，延燒出如此多層次的賽局。這場競賽有終結的時候嗎？

「照這樣下去的話，您認為以中、美為核心的各國之間會發生技術脫鉤（*指雙方互相降低科技依存度）嗎？」

「我認為現在的情況，和美蘇冷戰時並不一樣，不會那麼輕易發生技術脫鉤。即使是美國，也不可能斷絕一切，未來應當是中美雙方在某處合作、在另一處競爭的兩條路線並行的可能性較高。」

或許未來發展會如同王劍峰所言。但這個前提是即使貿易受到一定程度的限制，市場仍有功能，企業仍能合理採取自由行動。

企業利益與國家利益並不一致，企業有時會與自己的國家對立。而華府正傾全力扮演調整企業與政府利害關係的角色。

中國則不然，中國多數企業仍在政府的監控之下，即使華為表現出與中國政府不同的意志。

（以上訪談為二〇二一年八月二十七日在東京進行。）

2 自給自足的夢想

為什麼無法攻陷華為呢？

中國遭到美國封鎖技術，只能設法儘速做到半導體產業的自給自足。中國企業的設計能力雖然能和美國的優秀企業並駕齊驅，但製造技術卻很弱。

我們不妨回溯這場二〇一八年開啟的美中貿易戰。

一開始，華為在制裁下表現出出乎意料的韌性，撐了一年以上。反觀比華為更早被當作箭靶的中興通訊，僅僅三個月就哀告乞憐。

其中一個原因是華為自行研發半導體，自家的通訊設備或智慧手機都是用自己公司製作的晶片。

雖然稱不上游刃有餘，這個時期的華為，看起來似乎若無其事。有別於中興通訊是從美國採購晶片，華為對自己的技術能力有自信。

「為什麼無法攻陷華為呢？」川普政府坐立不安。川普想必曾經再次命令商務部徹底調查半導體供應鏈，結果發現了華為與台灣台積電的密切關係。華為多數晶片都委託台積電生產。台積電和美國政府的策畫背道而馳，並未停止供應華為晶片，這個漏洞一定要補起來才行。

二〇二〇年五月，華為終於豎起白旗。因為川普政府加強出口管理法的境外適用範圍，禁止美國以外的第三國出口晶片，這麼一來，華為再也無法從台灣進口所需的晶片了。

美國眼中的漏洞，在中國眼中則是弱點。這一回輪到習近平著急了。

中國投注了龐大的補助款、設立「國家積體電路產業投資基金」（俗稱「國家大基金」）、支援市場資金調度、整頓工業園區等，就是為了實現國產化的夢想。調動這一切政策的習近平政權，就像一頭奮不顧身，只顧往前衝的巨象。

這頭巨象奮勇前進的方向是半導體製造領域。既然連來自台灣的供應鏈都被斬斷，中國只能設法補救現在仍然欲振乏力的國產晶圓代工廠。

美國制裁助攻中國設備廠商？

接下來我們換個角度，從另一面來看看中國的生產力吧！雖然我們難以獲得中國半導體廠商的現場情報，但只要了解半導體生產設備製造廠的動靜，就能夠掌握大致的狀況。因為對生產設備的需求，和設備製造廠的投資情形是互為表裡的。

二〇二一年三月十七日，上海舉辦了半導體生產設備展示會「中國國際半導體展」，即使在新冠肺炎期間，氣氛仍非常熱烈。這是自拜登政府上台以來，首次舉辦的實體國際半導體活動。

從參加者的感想，就可以了解中國設備廠的成長。直到美國制裁開始以前，美國、日本、韓國、德國企業的氣勢都很強盛，但這一次則明顯可以看出中國企業的躍進。會場的氣氛熱烈非凡。

比方說據點設在北京的「北方華創科技集團」（NAURA，*半導體設備和服務供應商），營業額比前一年增加四成，淨利也成長了四成。在矽晶表面刻出電路的蝕刻機、薄膜製程的物理氣相沉積設備（PVD）及化學氣相沉積設備（CVD）等主要生產線設備的銷售都有所成長。

北方華創科技和日本零件供應鏈有相當密切的交易，也以雇用許多日本技術人員而聞名。這些技術人員肯定是從日本企業挖角過去的，而缺人才和缺零件，都是企業正在成長的表徵。

北方華創科技在中國國際半導體展一個月後發行新股，募得八十五億人民幣（約新台幣三百七十億元），加速設備投資與研究開發。其中半數金額用在位於北京科技園區內的工廠進行擴廠，以及建立增產體制等。這應是中國國內需求急增的佐證。

然而，最受注目的企業是上海的「中微半導體」（AMEC）。

中微半導體在以科技創新企業為主的上海證券交易所科創板（STAR）掛牌上市，是半導體生產設備的製造廠，擅長精密加工不可或缺的電漿蝕刻技術，據說目前正在上海興建新廠。

「科創」指的是科學技術與創新，是習近平模仿美國那斯達克，竭力在二〇一九年七月設立的新交易市場。

中國政府在二〇一八年十一月發表設立科創板，正是美中對立白熱化的時期。上市企業中，除了中微半導體，還有晶圓代工廠中芯國際、開發AI晶片的中科寒武紀科技等，這些半導體企業相當引人注目。中國政府的目標在於吸引資金投注半導體等高科技產業，使企業無需仰賴美國也能成長。

現在成為中國一線設備大廠的中微半導體，其實和美國有些淵源。

創辦人尹志堯原本是全球最大半導體製造設備商「應材」（AMAT）的工程師。二〇〇四年和應材的十五個同伴一起返回中國，創立了中微半導體，據說當時尹志堯六十歲。

尹志堯為長年在美國工作的經歷畫下句點而返回母國，想必是中國政府把人才從海外召回的政策結果吧？也就是所謂的「海龜（海歸）」政策。

中微半導體在政府支援及尹志堯的經營手腕之下，成為蝕刻機的最大廠，是能夠輸出產品給台灣台積電及其他各國的跨國企業。川普政府在二〇二〇年底把中微半導體加入制裁清單，就是警覺到該公司將成為中國半導體產業的基石。

中國半導體躍進的兩個原因

中國新興設備製造商的營業額之所以能持續成長，仰賴的是設備投資額的成長。而設備投資額成長的原因有二。

第一個是中國政府砸錢。中國國家大基金「國家積體電路產業投資基金」在二〇一四年與二〇一九年兩度注資，合計投入超過三千四百億人民幣（約新台幣一兆五千億元）在半導體產業。

第一期基金投資標的65%用在製造領域，加上許多地方政府設立的基金，公家資金投資應超過五千億人民幣。

中國政府在二〇一五年五月公開發表了「中國製造二〇二五」的產業政策，將包含半導體在內的資訊通訊技術（ICT）產業列為十大重點發展領域之首。這份政策報告大膽宣示要讓半導體的自給率在二〇二〇年達到40％；二〇二五年要提高到70％。

當然，現實沒有這麼容易，根據美國研調機構IC Insights二〇二一年五月的調查報告，中國的半導體自給率在二〇二〇年為15.9％，同時該公司預測，二〇二五年只能成長到19.4％。照這樣下去，遠遠追不上目標，習近平政權應當會賭上威信繼續給予支援。

中國製生產設備銷售成長的另一個原因，是美國的出口禁令。既然從美國或日本無法買到設備，中國廠商只能從國內的設備製造商入手。

一位每年參加「中國國際半導體展」的日本企業工程師表示，美國制裁手段愈是激烈，中國設備商的技術研發速度就愈快。

美國的制裁確實產生把中國逼到絕境的效果，然而，諷刺的是，制裁也讓中國的製造技術變發達。中國能夠走向自給自足，背後是美國推了一把。

根據「國際半導體產業協會（SEMI）」在二〇二一年四月的報告，二〇二〇年全球製造設備的新產品銷售額為七一二億美元，比前一年增加了19％，依照國別分項來看，中國成長了39％，超過台灣拔得頭籌。

第二名是台灣，第三名則是韓國，這兩國都是因為國內有巨大的晶圓代工廠而有設備的需求，但中國的需求和台灣、韓國相比，龐大到無法相提並論。最近根據一份調查顯示，中國實際上占了全球設備需求的四分之一。順便一提日本只有10％，而北美只占了9％。

雖然製造設備的銷售額未必和生產力呈正比，不過考量到中古設備的交易量也不在少數，因此中國投資設備的規模與速度絕對是壓倒性的。

追趕的跑者

根據上述的日本企業工程師表示，二〇二一年的中國國際半導體展上，材料廠的展出也很受注目。尤其是作為晶片基板的矽晶圓和用於形成電路的感光材料光阻劑方面，中國的成長十分顯著。

晶圓的生產地在過去大約五十年間，從美國移向日本，再移到韓國、台灣，而現在中國逐漸地崛起。雖然中國製的晶圓從直徑大小和品質來看，仍與日本製有一大段距離，但中國一旦起跑就不會停下腳步。中國境內目前已有六十多所晶圓製造廠。

提到中國企業的技術水準，總有人輕視地認為「要追上日本還有三、四年」。然而，過去日本企業追上美國水準花了多少時間呢？不也是花了三、四年以上嗎？而且，幾乎所有的日本企業，都沒有仰賴政府而靠自己的力量獨自奮鬥。

但中國呢？有政府不惜一切的撒幣支援，只要國產企業不顧慮預算，一路往前衝刺的話……

在後面追趕的跑者，看得見前面選手的背影，然而領先的選手有時甚至沒有注意到有人追上來了。

專欄

華為5G與習近平的一帶一路

華為的5G設備躍升世界頂尖，和非法傾銷有關嗎？

華為與眾多中國國營企業不同，不隸屬於中國政府。從一九八二年成立以來，營業額的10至15%都用於研究開發。華為在價格與性能這兩方面都勝過外國的敵對企業，以小型通訊基地台為主力商品逐漸搶占市占率。

華為的基地台設備與愛立信、諾基亞相較下，價格便宜了兩、三成，因此歐洲各國的電信業者紛紛開始引進華為產品，日本的軟銀集團也是其中之一。華為銷售成長居冠的原因，是因為產品競爭力很強。

歐洲的個人用戶支付給電信業者的通訊費，和日本相較之下十分便宜，有人批評說是因為設備的成本很低，所以能壓低通訊費。華為公關部負責人在二〇一九年十月的採訪中，曾說明「使用本公司的產品，讓電信業者的通訊費用下降了25%」。

在這個時期，歐洲至少有五個國家的電信業者採用華為的基地台，不像美國那樣排除華為的產品。一九九五年民營化的德國電信，不僅5G設備，連雲端服務也仰賴華為。從資安層面來看，歐洲各國和美國相較下戒心較低。

開發中國家和新興國家尤其如此。儘管華為銷往日本及美、歐、澳等西方國家的道路被斷絕，但在東南亞、中東歐及非洲等市場的銷售額倒是有所成長。

即使華為設備有資安疑慮，但不富裕的國家在提升基礎建設時，還是不得不優先考量經濟效率。這些接納華為設備的區域，正和習近平主導的廣域經濟圈構想「一帶一路」重疊。

外界難以看透華為和中國政府的真實關係。華為是從創投發跡的民營企業，或許有人認為政府的干預應該較少，但也有人斷言，在中國不管是不是民營企業，政府和企業都是一體的。只要在《國家情報法》等中國法令一聲令下，就能要求企業提供情報。這個看法在西方各國可說根深柢固。

華為雖然堅稱「即使政府要求也不會交出情報」，但根據中國法律卻是不可能不交出的。

一帶一路經濟圈所涵蓋的發展中國家及新興國家愈來愈多，世界各國已可區分成「使用華為產品」與「不使用華為產品」。

各國只要引進低價的華為產品，就能降低產業基礎建設的成本。習近平政權企圖透過一帶一路加強對各國的影響力，其目標正和華為的企業利益站在同一陣線上。

3 飢餓的戰狼能存活下去嗎？

多產多死

據傳中國有超過一千家的半導體企業。

不論習近平政權給予多少支援，也不可能讓所有企業都存活下來。多數企業未來不是倒閉，就是被收購而消失，這也可以說是政策的失敗。然而，習近平的思維或許是「無法存活下來也沒關係」。

生得多，死得也多。即使死亡率很高，只要分母夠大，能存活下來的企業絕對不少。而且，由於歷經過你死我活的競爭，所以存活下來的企業就會是強勁的企業。

中國的半導體產業，以企業眼光來看是屍橫遍野的「戰場」，但或許從國家的觀點來看，則是培育精挑細選企業的「牧場」。政府運用各種保護政策來給予企業「經濟租」（超額利潤）加以養成，然後在成長後收割。

若有意窺探中國半導體產業政策的全貌，就會發現活過產業競爭而擁有技術能力的企業就會做好準備，站上全球產業的競爭擂台，與勁敵一較高下。中國產業政策的要義就是「多產多死，以量取勝」。

企業的競爭力不僅取決於技術能力與經營手腕，能夠獲得多少政府支援與庇護的政治力差異，也是決定勝負的重大因素。有些經營者能利用政治成長，當然，有些時候也可能適得其反。

企業與政府的依存關係，並非中國所獨有，其他國家當然也有，只不過在中國這份關係的影響幅度比其他國家來得大。半導體產業也不例外。

紫光集團的危機

二〇一八年十二月七日，中國最大的半導體公司紫光集團發行五十億人民幣（約新台幣兩百一十六億元）規模的債券，這是該公司最大筆的公司債。二〇二〇年十二月十日，紫光集團宣告無法如期償還有擔保債券。

同一天，子公司紫光國際也宣稱無法兌付在海外發行的四億五千萬美元債（約新台幣一百三十四億元）。約一個月前的十一月十六日，債權人拒絕紫光延長償還期限的請求，紫光集團確定無法履約支付本金十三億人民幣（約新台幣五十七億元）及利息而違約。

紫光集團曾是習近平政權所宣稱，走向半導體自給自足的關鍵企業，如今卻無力償還公司債務，面臨窮途末路。深陷債務泥淖的紫光集團，隨時宣告破產都不足為奇（*二〇二一年七月九日紫光宣布破產重組）。

紫光集團的本體是控股公司，旗下擁有眾多子公司的集團企業，包括製造記憶體的長江存儲科技（YMTC）、專注晶片設計的紫光國芯微電子、紫光展銳（UNISOC）等許多有力的企業，生產據點分布中國各地，是半導體產業的棟梁。各個子公司和政府體系基金、政府體系銀行都有密切往來，資金來源有官方也有民間，關係極為複雜。

紫光集團原本就是靠著不斷合併、收購而成長的企業。這個事業體最初是由中國工學院最高殿堂的北京清華大學所分割出來的新創事業，於一九九三年成立。

紫光集團作為半導體企業的歷史尚淺，真正投入這個領域是在二〇一三年收購展訊通信——當時中國第二大晶圓代工廠——之後的事。

而後紫光集團的成長速度勢如破竹。二〇一五年左右開始，先後向美國的美光科技、威騰電子、韓國的ＳＫ海力士半導體、台灣的聯發科等外國企業展開收購、出資入股的攻勢，震撼全球的半導體產業，可說是紫光集團的高峰期。

趙偉國這個經營者

我不能不聚焦介紹紫光集團的領導者——趙偉國董事長。趙偉國因為貪婪的經營風格，而有「餓虎」之稱，是中國半導體產業最重要的關鍵人物。

他在二〇一七年四月接受日本經濟新聞採訪時，展現了強烈的企圖心，表示自家的電視面板製造技術足以和日、韓比肩，並意氣軒昂地說道：

「中國的半導體要追上（世界）是時間早晚的問題。」

趙偉國於一九六七年出生在新疆維吾爾自治區，雙親於文化大革命前一年被送往新疆。幼年時據說過著餵養家畜、追逐羊群的生活。強烈的出人頭地志向及不服輸的強悍，與他的成長歷程有關。

趙偉國從清華大學電子工程系畢業後，成立投資公司，藉由不動產投資獲得巨大利益。他將這些錢用來投資紫光集團，於二〇〇九年就任董事長。

從趙偉國身為經營者的經歷來看，可以了解他在清華大學的人脈為他的人生創造了一次又一次的轉折點。若是沒有清華大學的後援，他理應無法坐上這個校辦企業的領導人寶座。他本人雖然否認，但坊間都傳聞他與前國家主席胡錦濤的兒子胡海峰私交甚篤。胡海峰也在清華大學就讀管理學系，在紫光集團前身企業擔任要職。

在中國採訪時，我時常感受到清華大學的群體力量，比方說一家據點在深圳的無人駕駛新創企業創辦人就曾自豪地表示：

「我去北京找清華大學的同學周旋一下，就能輕易募集到一億人民幣的投資資金。即便沒有企畫書，只用口頭說明也能迅速達標。日本的新創企業，應該不可能像我們這樣籌備到資金吧？」

他讓我見識到中國旺盛的新創投資內幕。這位創辦人原本是資訊工程師，雖然選擇深圳作為從商的舞台，卻頻繁地前往母校所在地北京。

紫光集團投入半導體事業後，經常配合國家策略而運作。政府於二〇一四年設立的「國家大基金」，紫光集團理所當然地成為投資對象。紫光集團之所以能一家接一家收購中國的半導體公司，甚至把手伸向外國企業，就是因為有國家基金和銀行不惜重本融通資金的緣故。

當然，中國的金融機構多數都是國營，因此紫光能夠採取幾近凶猛的併購策略，歸根究柢還是因為有政府當靠山。趙偉國在這次採訪中所顯現的自信，或許也是正與政府處於蜜月期的表徵。

失速的背後原因

紫光集團如今陷入資金困境，甚至因為違約而債務纏身，究竟是為什麼呢？

我們當然可以說，趙偉國是因為有勇無謀的投資導致自食惡果，但銀行的資金供應來源變少，或許是更主要的因素。可能在過去數年的某個時機，習近平政權改變方針，看透了對自身實力過度自信的趙偉國，無法再容許他繼續暴衝。

一般認為習近平是在二〇一七年十月全國代表大會之後，掌握了中國共產黨內部的權力。當時會中表決通過把「習近平新時代中國特色社會主義思想」全句完整寫入中共黨章，確立毛澤東以來的習主席權威地位，習近平甚至沒有依慣例指名繼任者。在此之後，習近平的獨裁色彩日益濃厚。

中國政府對紫光態度的轉變，就是從這個時期開始。

說穿了，或許習近平就是要抽走趙偉國的後援，只因他與胡錦濤一家關係密切。習近平作為黨元老後代的「太子黨」代表，一般認為和胡錦濤之間的關係微妙，因為後者對共產主義青年團（共青團）具有影響力。

中國共產黨內的政治角力當然不能以過度簡化的方式來理解，但可以感受到隨著習近平愈加強化他的權力基盤，政府與紫光集團的距離就愈遠。

政府的真心話

儘管母公司陷入困境，但紫光集團旗下公司如長江存儲科技——中國最大記憶體公司——等仍正常營運。乍看之下或許會覺得不可思議，但個中緣由在於集團內的公司治理模式。

以長江存儲的情況來說，雖然隸屬紫光集團旗下，但其實是由紫光集團旗下子公司所出資的另一家子公司再出資……如此這般夾雜了六、七個不同階層的公司，而各個階層因為有政府體系或國營企業的資本加入，所以紫光集團挹注長江存儲的資本就被稀釋了。或許是因為這個關係，所以紫光集團對長江存儲的實質支配權力受到相當限制。

即使站在頂端的紫光集團破產，也不代表實際生產半導體的旗下企業會因此消失。差別只在於是由誰來取代紫光站在集團頂端。由此可以推知，應該有許多國營企業是對紫光的子公司出資，而不是直接投資紫光集團母公司。

政府一旦中斷對紫光集團的支援，資金周轉陷入困境的趙偉國勢必得被究責而卸任，他所建構的紫光集團，將如同疊疊樂積木堆成的高塔那樣崩塌瓦解。不過，負責生產的眾多子公司會留下來，中國政府只須透過注資子公司的國營企業或政府體系銀行，就能操控半導體產業。而這會不會是有人預先寫好的腳本？

趙偉國能存活下來嗎？這匹「餓狼」倒在地上痛苦掙扎的身影，正與風雲變色的中國半導體產業交疊。

唯一不變的，是習近平政權要在國內建構強勢半導體產業的意志。紫光集團即使解散，對習近平或許也只是培育半導體產業過程中的一環罷了。

4 紅色供應鏈

新加坡面具下的真貌

皮尤研究中心（Pew Research Center）於二〇二一年六月底公布的國際輿論調查，顯示令人意外的結果：新加坡有超過六成的人支持中國的習近平政權。新加坡很容易令人誤以為是日、美、歐等現代國家的夥伴，但從這項調查可以發現，比起美國的拜登政府，他們對於習近平政權更有好感，多數日本人應該會感到驚訝吧。

在新加坡對中國好感度的調查中，回答「非常有好感」及「稍有好感」的人占了64％。遠遠超過對美國好感度的51％（複數選項）。新加坡人「親中」的程度，在全球調查的十七個國家當中，壓倒性地高。順帶一提，在日本對美國「有好感」的人占71％，對中國的好感度則是10％。

「如果新加坡要維持經濟方面的往來，美國與中國哪一個更重要？」這個題目的調查結果，新加坡有49％回答中國，33％回答美國。在日本，這個題目的調查結果是81％回答美國，15％回答中國。

在國際問題方面，有關比較信任拜登政府或習近平政權的提問，新加坡回答「拜登政府」與「習近平政權」的比例幾乎相同。但民調顯示其他國家幾乎都是八比二，或七比三，對於美國總統的信心較高。顯見新加坡人偏向習近平的程度。

這就是新加坡人真正的面目。政府再怎麼扮演「親西方」的一員來親近美國，實際上國民的心態卻完全不同。如果有人認為新加坡親美、親日，就是誤判了亞洲地緣政治的暗流。

新加坡是人口大約五百七十萬的都市國家。其中外籍居留者相當多，新加坡公民僅約三百五十萬人。就人口而言，新加坡是個比橫濱市還小的國家，但人均GDP卻接近六萬美元，比大約四萬美元的日本更加富裕（*二〇二一年台灣人均GDP約三萬三千美元）。

經濟繁榮當然不可能從天上掉下來。這是新加坡在美國、中國、日本等大國之間巧妙穿梭、維持獨立國的中立身分、努力經營外交，才得以享受全球化帶來的果實。新加坡能和大國之間維持不遠不近的微妙距離感，這個智慧是承繼新加坡建國之父李光耀及歷代政治領導人而來的。

我們不能無視新加坡相當親中的事實。

紅色供應鏈的連結與威脅

執行上述輿論調查的資深研究員希爾弗（Laura Silver）指出，新加坡親中的主因是「華人占了新加坡國民的72％」，也就是說，是屬於相同民族所產生的親近感。

但有趣的是，詢問新加坡華人的認同時，多數人認為自己「是新加坡人而不是中國人」，他們討厭被稱為中國人。我派駐新加坡時也有這樣的感覺，正因為有相似處，所以更討厭被人說「相似」，這是心理因素作祟。

新加坡人有許多家族祖先是福建人、廣東人、潮州人、客家人，既然是相同民族，在本質上確實也與中國較為親近。考慮到新加坡本來就是會與有利自己的對象往來的現實主義國家，從中國獲得的經濟利益愈大，與中國的心理距離也就愈小，或許哪天時機到了，才會拿下面具。

有時從住在東南亞的華人對話中，會聽到他們提到「紅色供應鏈」一詞。這個詞彙指的是與中國企業建立的貿易關係。

從二〇一五年左右開始，就經常能聽到華人討論自己的生意是否能搭上中國供應鏈的順風車。而在地理位置與中國極近的台灣，則常常可以見到反中立場的媒體使用「紅色供應鏈的滲透威脅」的說法。

「一帶一路」的另一個目標

習近平政權在二〇一四年提出了由中國主導、針對開發中國家與新興國家基礎建設的「一帶一路」構想。最初雖然僅止於由中國協助開發道路、港灣、鐵路等，但習近平政權的目標漸漸地不受限於基礎建設，更企圖加強對全球供應鏈的控制。也就是強化「紅色供應鏈」。

「一帶一路」的政策內涵並不限於具體的專案計畫。只要在概念上能與中國供應鏈產生連結、對中國經濟成長有貢獻的，都可以打著「一帶一路」的招牌，不限於事先決定好投資金額與期限的總體計畫。

我們可以將「一帶一路」這個構想，想像成把中國境內外的所有專案都裝進一個大箱子裡，這樣或許更容易讓人明白。與其說「一帶一路」是構想，不如說是中國共產黨時常提出的標語，或者口號，這樣的理解方式或許更能接近本質。

二〇一七年到二〇一八年間，我走訪廣東深圳、浙江杭州、貴州貴陽等地，看到各大小城鎮裡到處是掛著「一帶一路」看板的辦公室及展覽館，令我十分驚奇。

我本來以為這是貫徹執行中央政府指示的結果，但問了住在當地的中國友人，才知道是因為宣傳「一帶一路」有助於取得中央政府補助，所以這些地方政府或團體機關才自主掛出看板。

雖然只是談笑，但我似乎可從這些鄉里閒談間，窺看到中國這個巨大的國家是以怎樣的政策手法來推行專案。

「一帶一路」可以說是廣域經濟圈的構想，而不只是基礎設施的建設計畫。各種不同項目都能套入一帶一路的框架中，如國內的跨地區商務往來，或是以推動區域經濟發展為目標的研究開發……。

二〇一九年我受邀參加菲律賓商會在馬尼拉召開的年度大會演講。當時他們指定的主題正是「一帶一路」。他們希望我從日本記者的觀點來談這個構想的意義。

當時也有好幾位中國的與會來賓，菲律賓商界期待來自中國的投資，對於「一帶一路」寄予殷切厚望。而實質掌控菲律賓金融界的，是祖先為福建人的菲律賓華僑。

華僑網絡廣布整個東南亞，不論在檯面上或檯面下都推動著地方的經濟。不論習近平政權有何政治意圖，這些人只要看到經濟上的利益，就會不顧一切直奔而去。

菲律賓商界的諸多成員和中國外交官、銀行家圍著一張桌子，以北京官話為共通語言談笑風生的情景，讓我覺得彷彿看到東南亞經濟的內幕。

數位霸權的舞台——海底電纜系統

話題回到「紅色供應鏈」與新加坡，我們再更深入探究一下。

新加坡位於馬來半島的前端，俯瞰麻六甲海峽東側入口，從十五世紀中的大航海時代開始，就是地緣政治的重要據點。當時英國及荷蘭都企圖在亞洲建立霸權，為了爭奪這個地區的制海權，正在馬來半島及蘇門答臘島互相角力。

改變亞洲歷史的是英屬東印度公司的員工湯瑪士．史丹佛．萊佛士（Thomas Stamford Raffles）。當時，萊佛士登陸了現在的新加坡，於一八一九年從當時的柔佛蘇丹國國王手中買下領地。東印度公司和華僑網絡攜手合作，彼此相互利用，讓這個地方成為歐洲與亞洲的貿易中繼站，這就是新加坡的起點。

新加坡的戰略價值並不僅止於海運。請參考亞洲海底電纜的鋪設分布圖（圖表4-1）。從這張圖可以看出，從南海到印度洋，有大量電纜匯集鋪設在新加坡的麻六甲海峽。而目前的海底電纜分布，正與從十五世紀開始的海上航線完全重疊。

過去使用人造衛星的通訊網路，因為距離長而傳輸慢，現在已經很少使用。聯結世界的通訊網路幾乎都是仰賴海底電纜，如今全球數據的交換，90%是經由跨越國境的海底電纜來進行。

而新加坡正位在海底電纜匯集的中心，不僅是亞洲最重要的地理樞紐，也是網路虛擬空間的要衝。從美、中等大國的角度來看，若是能對新加坡發揮影響力，就能直接干涉數位資

圖表 4-1　匯集於新加坡的海底電纜

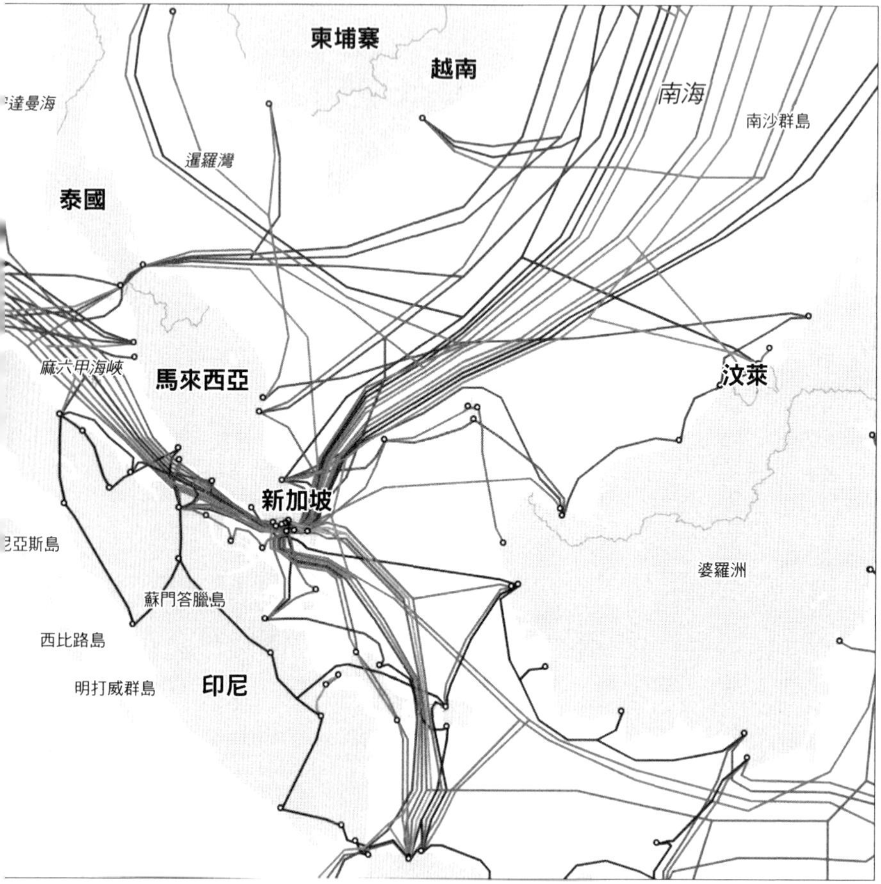

出處：Submarine Cable Map 海底電纜圖

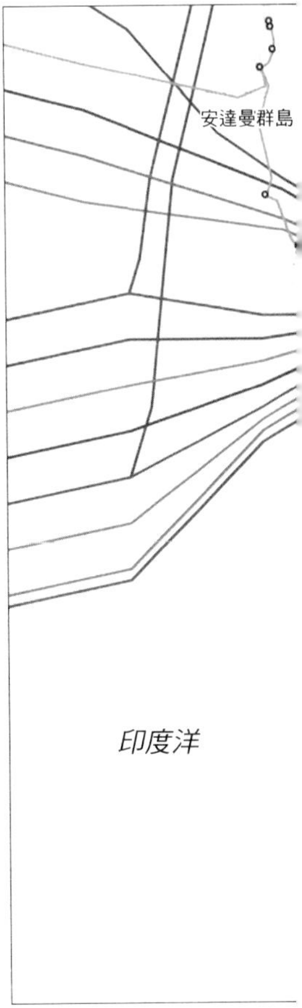

訊的霸權。

「一帶一路」所運送的，不只是具體的物品。中國從二〇一八年左右開始，除了陸上絲路與海上絲路，更把「數位絲路」（Digital Silk Road）掛在嘴上。也就是利用電子設備、半導體，以及肉眼看不到的數據，從兩種面向來建構「紅色供應鏈」的概念。

船與飛機運送的是實體貨物；海底電纜輸送的則是數據。所謂數位絲路，終極目標可以說是透過海底電纜讓世界各地與中國聯結，將數據匯集到中國的平台通訊網路。

這就是為什麼包括Google在內的美國GAFA四大平台與中國平台，都將資料中心集中在新加坡。承載數據交換的硬體，就是資料中心。

資料中心需要大量的半導體，而半導體市場急速擴大，正是因應資料中心所需的CPU（中央處理器）、記憶體、AI加速器等晶片的需求擴張。

美光科技、格羅方德等美國半導體廠商，也把生產據點設在新加坡。新加坡不僅是貿易與金融繁榮，在數位方面也是霸權競爭的舞台。

善用地緣關係籌碼，尋求最大利益

新加坡和美國的軍事合作相當密切，不過，新加坡境內雖然有美軍基地，但兩國並未締結軍事同盟。新加坡與美國之間並不像日、美間有《日美安全保障條約》，或是像美國與澳洲、紐西蘭有《太平洋安全保障條約》般，締結穩固的軍事協定。

隨時觀望國際情勢，尋求如何在美、中、歐等大國間取得平衡而生存，才是新加坡真實的樣貌。但若新加坡脫下面具，加入數位「紅色供應鏈」的話，究竟會發生什麼事呢？

二〇二一年八月二十四日，美國副總統賀錦麗（Kamala Devi Harris）訪問新加坡時，在演講中彷彿鼓舞新加坡人般說道：

「我們的經濟與東南亞有許多共通處，從供應鏈到穩定的雙向貿易都是。東南亞整體來說，是美國第四大出口市場，也是充滿活力的動態市場，應該很快就將躋身世界最大市場之列。

「在這些航道上，每天來往著數十億美元的交易，支撐數百萬人的生計。然而，眾所周知，北京持續對這個海域進行脅迫、恐嚇，還聲稱擁有南海大部分海域的主權。」

新加坡經濟界在美中間搖擺，依風向而動。對此美國不僅非常清楚，同時也戒慎恐懼。賀錦麗的演講隱含著牽制意味，無異是在告誡新加坡，應當與「紅色供應鏈」保持距離。

三個星期後的九月十三日，中國外交部長王毅繼賀錦麗之後訪問新加坡。新加坡總理李顯龍熱烈款待王毅，並深化一帶一路的倡議合作。

以新加坡為舞台，美、中的隔空較勁已經展開。

5 比日本快一百倍的「深圳速度」

搭乘計程車時，你習慣用什麼方式付費？我問了十幾位親友，多數人使用「PASMO」、「Suica」等大眾交通ＩＣ卡，其次是信用卡。（*在台灣一般多使用現金，網路叫車則是綁定信用卡或電子錢包。）

乘客使用信用卡付款時，必須把卡片交給司機，司機再以刷卡機刷卡。有些不習慣刷卡機的資深司機，可能刷好幾次也無法順利刷過。

接著由乘客輸入密碼，顯示「連線中」後，稍待片刻確定結帳完成，接著才慢慢印出收據、信用卡明細。

有時還會遇到沒有刷卡機而必須手寫簽名的情況。司機必須半側著身子，遞給乘客夾在塑膠板上的簽帳單，有時甚至得花上一、兩分鐘。一邊結帳一邊留意後面的車子是否會不耐煩而按喇叭催促。

高樓大廈林立的深圳市中心。（© Charlie fong ／ Wikimedia Commons）

至少，直到我寫作本書的二〇二一年秋天為止，這種結帳程序在日本還是標準作業流程。

相比之下，中國社會給人的印象是數位化生活領先日本兩、三年。在中國，用手機結帳十分普及，居民身分證和居民健康卡等也都存在手機裡，不帶錢包出門的人不斷增加，在都會地區甚至信用卡結帳都已經落伍了。

持續進化的數位聖地

中國境內最先進的智慧城市，是廣東深圳。

從香港搭高速鐵路到深圳不用花二十分鐘，這裡原本只是人口三萬左右的漁村，一九八〇年鄧小平指定為經濟特區後急速成長，二〇二〇年成為人口超過一千四百萬的大都市，也是平均年齡三十歲上下的年輕城市。

中國的代表性科技企業都集中在這裡，包括：華為、中興通訊、騰訊，還有全球最大無人機製造商大疆創新科技（DJI）、全球第三大電動車製造商比亞迪（BYD）等，據說住在深圳的發明家與創業家有上千人之多。許多矽谷的創投公司也在這裡設立據點。

新冠肺炎大流行之前，我在二〇一七年到二〇一九年間為了採訪往返深圳五次左右。這裡的街景變化之快令我驚奇，幾乎每半年就改頭換面。雖然道路車多擁擠，但幾乎都是電動車，所以沒什麼噪音，倒是路上交談的人聲幾乎比車聲更嘈雜。

然而，在新冠肺炎疫情蔓延以後，深圳的數位產業看起來似乎更有活力了，因為疫情使得社會對防疫相關科技（Corona-tech）的需求提高了，包括：非接觸式體溫偵測器、出入境管理的人臉辨識系統、遠距醫療、搬運機器人等。在日本四處可見因應新冠肺炎而設置的機器，也幾乎都是深圳製造的，光看這點就知道我說的沒錯。

活力的泉源——華強北

為什麼深圳會成為數位產業的聖地？其中一個因素是市中心的電子零件市場「華強北」。

華強北的規模據說大約是東京秋葉原的三十倍甚至五十倍。不計其數的大樓中，塞滿了許多一、兩坪大小的店鋪，所有的電子零件都可以在這裡買得到。

走在堆積如山的電子零件間，會讓人靈感泉湧：「是否有可能組裝出這樣的電腦呢？」「要是有這種功能的機器人一定很有趣。」對於渴望在數位產業占有一席之地的新創事業來說，華強北是活力的泉源。

我採訪了某家販售半導體電子零組件的店家。玻璃展示櫃圍起來的店內，年輕的店長獨自一人應對絡繹不絕的顧客。這位店長外表上看來不像是漢族，八成是來自中亞附近，西域出身的人。

「我想組裝像這樣的平板電腦，這裡有沒有新的晶片呢？」

看起來像御宅族（*指擅長電腦組裝或網路的人）的年輕人出示手繪的電路圖，詢問店長。

「現在的話，我推薦這款高通的驍龍處理器。因為它的無線功能最強大。嗯……我記得還有一點庫存……」

店長與其說是在銷售產品，不如說是提供諮詢。我腦海中不禁浮現在築地或豐洲市場賣魚的中盤商。我熟識的壽司師傅曾說：「最常接觸魚的中盤商最懂魚。」我此刻才恍然大悟，產品周期極短的半導體確實也有「時令」的問題。

這裡所發生的交易既沒有收據也沒有包裝，大約一分鐘左右就能完成。對話以北京話和英語居多。深圳雖然是位於廣東省的都市，但共同語言不是廣東話而是北京話，由此可知這個城市聚集了來自中國各地的人。

在深圳，試作模擬產品（原型）所需的時間及勞力較少，因此能夠立刻將創意付諸實現。企業的交易往來速度也更快，據說在深圳的一星期，相當於在矽谷一個月。

甚至有日本工程師表示，這速度和日本相比快了一百倍。中國數位企業的創新能力，就來自這種迅猛的「深圳速度」所帶來的時間感。

深圳速度：不會等待產品成熟才上市

關於深圳電動車的發展現況，有人說補助款提升了需求，也有人批評產品品質良莠不齊，這些都沒說錯。深圳的電動車之所以能夠普及，是因為當時每輛電動車約有人民幣五萬元（約新台幣二十二萬元）的補貼政策，效果相當顯著。但中國廠商的品管和日本企業有極大的差距，有時也會買到所謂的「機王」——剛買來就故障的產品。

然而，技術發展是不會走回頭路的。一有創新產品問世，企業便會立刻推進、相互競爭。中國的追趕能力不容小覷，這點在半導體領域也是相同的。

深圳的數位企業和日、美、歐最大的差異，是決定將產品與服務投入市場的時間點。深圳的風格不是將研發過程延展到上市前最後一刻以追求更高完成度，做好一切準備才正式銷售。深圳是直接把半成熟的產品丟到消費者面前，蒐集用戶的抱怨與需求意見，再以「深圳速度」改良產品。創新並不發生在研究室或工廠，而是消費市場。

失敗的話，企業會毫不猶豫地捨棄產品，迅速往下一個商機移動，即使結束服務引起消費者抱怨，多數企業也會表現出滿不在乎的態度，因此與其說他們是職人（*專業人士），不如說更接近商人。

以量取勝的快速國產化

二〇二一年三月十七日。中國大基金注資的晶圓代工龍頭中芯國際發表，將與深圳市政府合資二十三億五千萬美元（當時約新台幣六百七十億元）興建新工廠。這項計畫的背後，是中國政府在美國制裁下急需推動半導體國產化、而中芯順應政策所採取的行動。

中芯國際預定要生產的，據說是28奈米晶片。如果是這個等級的晶片，因為不是最先進的產品，和美國政府的出口禁令就不相牴觸，也能從美國進口製造設備。若是要製作新創公司或家電廠商的試作原型，也不需要10奈米以下製程的最先進晶片。

那麼，為什麼會選在這個時機建廠呢？

全球晶片荒導致價格高漲，連華強北也受到影響。最受新創公司歡迎的微控制器（MCU, microcontroller unit，中國大陸稱「單晶片」），據說有時需要等上一年才有貨。如果「深圳速度」減緩，中國企業的創新能力可能也會受到大幅影響。

中國政府要守護商業生態系統，就必須讓晶片源源不斷地供給深圳。總不可能讓鄧小平國家百年計畫中的深圳燈塔滅了光輝。

令人擔憂的是，若審視中芯國際的投資計畫，就會發現對深圳投資意願高漲的日本廠商也為數不少。只要晶圓代工啟動，供應商就會跟著移動。或許在不知不覺中，深圳將到處都是日本企業。在美中半導體攻防戰中，5G或AI需要的先進晶片雖然較受注目，但這部分的戰場畢竟只是半導體產業的一部分。

只從最尖端的技術能力來論優劣，豈不是很容易誤解事情的本質嗎？若檢視中國政府為了快速國產化所推出的一系列政策，就會感覺到他們優先追求的不是最先進的技術，而是增加供給的數量。

或許他們認為只要拓展市場，技術遲早會到達高峰吧。

專欄

《日美半導體協議》

一九八六年簽訂的《日美半導體協議》，有一項祕密協議只有雙方政府中的相關人士才知情。在未公開的附帶協議中，寫明美國業界「期待」日本必須在五年以內，讓外國半導體產品在日本的市占率提高到20%以上，而日本政府也對此表示「知悉」。

雙方建立了這條奇妙的協議，而且日本國會也隱瞞它的存在。這是日本政府為了維護與同盟國美國的關係，以追求雙方達成協議為優先的結果，可說是顧全大局之舉。當時的日本首相中曾根康弘，與美國總統隆納．雷根（Ronald Reagan）據說關係友好，甚至以「羅」和「康」親暱相稱。然而日本這方其實沒有「不同意」的選項。

先不管附帶協議中的詳細措辭，事後美國政府認為雙方已約定好「20%」的底線，但日本政府則主張沒有約定。雙方各執一詞而僵持不下，後來美國政府認為日本不守承諾而對日本進行經濟制裁，這段歷史令日本痛苦難忘。

當時，美國的半導體正走向衰退，但美國政府試圖強行讓日本屈服以重振美國半導體產業。美國如此拚命的原因，不僅僅是為了保護產業或維持就業率，而是站在維護國家安全的角度，美國有必須守住的底線。但站在日本的立場，可能難以理解美國的心態。

一九八〇年代位居經濟外交前線的某位日本政府退休官員，曾經與我分享過以下的經驗談。

當時我（*上述退休官員）拜訪華盛頓的國防部（五角大廈），話題內容來到了半導體時，我說明日本製造的半導體是一般民間用品，並不是為了軍事目的而開發，對方聽了臉色一變，大發雷霆，站起身來攫起裝有半導體晶片的提箱，然後用手指敲著提箱，怒吼道：「這個東西有多重要，你們真的知道嗎？」

失去半導體的掌控權，對美國而言是軍事層面的重大危機。同盟國的日本竟然打算摧毀美國的半導體產業，對肩負國防責任的人來說是難以容忍的狀況。

然而，站在日本的立場，就經濟觀點而言，「品質及價格都勝出的日本產品在市占率有所成長是理所當然的，豈能接受美國的貿易管制」。現在回想起來，美日對於簽訂這份半導體協議的讓利程度，從一開始就已大相逕庭。

一九九六年七月在溫哥華，終止半導體協議的談判過程讓人無法忘懷。美方是比爾・柯林頓（Bill Clinton）總統，日方則是橋本龍太郎首相。美方要求持續協定，日方則主張就此結束。就日本來看，不可能再吞下受美國脅迫的不平等協定。

由於兩國領導人同意七月底為談判期限，美國貿易代表署（USTR）和日本通商產業省（*相當於經濟部）連日徹夜談判。

直到期限截止都未能達成共識，雙方都準備放棄之際，有人靈機一動，提案「把時鐘停下」。雖然已過了期限的午夜零時，但在那之後所花費的協商時間就當作不存在。

最後決定不延長協議的時間點是八月二日早上，也就是七月三十三日。

雖然直到停下時鐘，美國都還主張延長協議，但也曾出現態度軟化的一瞬。當談判只能走向決裂，我腦中浮現了無法迴避持續受制裁的最糟下場，這時USTR卻乾脆地豎起白旗。

前一天，從談判會場到飯店，我還記得USTR某位談判代表邊走邊談時所說的話，我詢問談判陷入膠著，還有可能達成協議嗎？得到的回答是有可能。他還加上一句：「白宮打電話來……」

想必是柯林頓指示「停止施壓」吧？他一定是判

橋本龍太郎以竹刀為贈禮，並讓坎特拿著刺向自己喉嚨。（© reddit）

斷美國已守住該守的事物。半導體的記憶體晶片領域雖然已讓給日本、韓國，但美國在處理器（CPU）等邏輯晶片領域已培養出絕對優勢的技術，美國的半導體產業已經復甦了。

當時USTR以電話會議召開記者會，卻發生了一個插曲。因為操控人員的操作錯誤，USTR代表米基・坎特（Mickey Kantor）在辦公室的聲音傳到所有參加者的耳中，雖然只有短短的數十秒，卻可以聽到坎特的怒吼。

「這文件是什麼意思？五角大廈現在說這什麼話！我要和五角大廈再談一次！」

報導人員急忙切掉擴音，顯然USTR和國防部意見相左。在談判桌前實際對抗的雖然是USTR，但背後卻有國防部在內的國家中樞意志在運作。

橋本龍太郎就任首相前一年的一九九五年，原本是通商產業大臣的橋本和坎特就陷入膠著的汽車貿易談判，在日內瓦達成了協議，簽署《雙邊汽車貿易協定》。橋本讓坎特拿著竹刀刺向自己喉嚨，成了當時有名的話題場面。

日美的汽車貿易談判過程雖然火花四射，但汽車貿易衝突僅是產業與貿易的經濟問題。身為經濟記者，只需整理相關資訊，就能理解由兩國的企業、政府、工會等主要角色交織的談判過程。然而，半導體談判到最後仍有許多讓人無法窺見真相的謎團。

現在，看著美中在半導體貿易的對立，我們可以很明顯看出美國仍然一貫地從國家安全觀點來管控半導體產業。

第五章

數位三國志開打

製造中的艾司摩爾巨大光刻機。（圖片由艾司摩爾提供）

關鍵玩家的地理關係

在這章開始之前，請先在腦海中勾勒一張世界地圖，然後在上面標示出全球重要數位產業公司的分布位置。

首先，美國西岸加州的矽谷有Google、蘋果、臉書、英特爾等在此設置總公司，許多無廠半導體企業也匯集於此。同樣在西海岸北部的華頓盛州，則有亞馬遜及微軟的總部。

亞洲方面，中國的華為、騰訊等數位企業聚集在廣東深圳。從深圳沿著海岸稍微北上，是浙江杭州的阿里巴巴集團總公司。與半導體相關的中國企業，多半把據點設在廣東、福建、浙江等東南沿海省分。

至於台灣，以台積電為首的晶圓代工廠，以及後段製程的廠商、設備製造廠、材料廠等，則集中在西部的新竹。

韓國有僅次於英特爾的全球第二半導體大廠三星電子，以及全球第三的SK海力士半導體。日本雖然在一九八〇到一九九〇年間勢力衰退，但在記憶體的製造上仍占有一席之地。

把這些公司的位置連結成線，作為貿易項目的半導體供應鏈輪廓就大致浮現。每一處據點都環繞著太平洋沿岸，跨太平洋地區正是全球半導體產業的舞台。美國的歐巴馬政權曾提出《跨太平洋夥伴協定》（TPP），試圖在此處建立自由貿易圈。

霸權在虛擬空間裡競爭

把生產據點設在沿海地帶的優缺點是什麼？的確，沿海地帶十分便於商業貿易，但從地緣政治的觀點來看，受到侵略的風險也相對提升。考量美中在半導體問題間的對立，面海的據點愈多，愈會拉高緊張的程度。

尤其中國與台灣之間的台灣海峽，是全球政情最緊張的水域。台海局勢一旦不穩，將會對全球和平罩上一層陰影。

傳統的地緣政治學是將海洋和地理位置作為國際政治的決定因素來進行研究。例如19世紀的克里米亞戰爭，俄羅斯帝國和鄂圖曼帝國就是為了爭奪黑海的霸權而戰；又如，阿富汗地處連接歐亞絲路的要衝位置，自古以來即為大國之間的必爭之地。像這樣在歷史上，由於地理位置而左右國家策略，演變成經濟摩擦或軍事紛爭的事件不勝枚舉。

但在考量現代半導體的地緣政治時，我們不僅要注意實際上的地緣位置，還要關注國家和企業在虛擬網路空間的戰略。半導體不僅是可交易的商品，同時也是技術、專業知識和智慧財產權的無形結晶。

在環太平洋商品貿易的供應鏈背後，全球的技術霸權之爭已然開打。為了理解半導體與國家安全之間的勢力關係，我們先把目光放在各國的內部運作與戰略上。

1 美國從「開放」走向「鎖國」

美國意識到自身國家安全的致命弱點，在於半導體的供應。由於缺乏半導體製造能力，美國在國際產業的水平分工上（*水平分工是由不同的公司各自負責擅長的領域，最後再統合起來）過度依賴台灣的台積電，這是地緣政治風險，可能會招致國家危機。

中國對台灣的軍事入侵隨時都有可能發生，鑒於習近平政府鎮壓香港民主運動的暴力行為，中國對台動武的可能性變得更高。

對中國來說，台灣和香港一樣都是中國的一部分。不光是中國政府，就連許多中國民眾都不將台灣視作國家。駐紮在沖繩的美軍，和接受美國武器供應的台灣，兩者之間的防衛線只要稍有疏忽，中國就有可能趁虛而入。

目前台海地區的平衡，是在美中雙方認可的「一國兩制」虛構前提下成立。雖說中國不太可能主動破壞海峽兩岸的穩定，但美國也不能冒這個「應該不會發生」的風險。

兩個選擇

如果美國想要掌控半導體大權，有兩個選擇，一是選擇守護台灣，因為台灣有美國需要的半導體產業；另一個選項就是直接將台灣的晶圓代工廠移到美國去。

拜登政府早就眼明手快地朝這兩個方向進行。在軍事上，美國讓司令部設在日本橫須賀的第七艦隊加強在東海和南海的活動，並且和英國、法國、德國等歐盟主要大國合作，派遣軍艦到這個海域。

像是英國最強航空母艦「伊麗莎白女王號」就於二〇二一年九月四日在橫須賀港靠岸，意在告訴中國，日美歐會攜手合作保障這地區的海洋安全。德國海軍巡防艦「巴伐利亞號」也刻意繞行過南海，這離上回德國派遣軍艦到太平洋已睽違近二十年。

若美國不是已修復在拜登之前被川普破壞的美歐信賴關係，我相信這些歐洲國家理應不會採取軍事行動。

另一方面，拜登政府也加強了日本、美國、澳洲及印度這四國在經濟和軍事上的合作，組成共同抗衡中國的「四方安全對話」（Quad），像是自二〇二〇年秋天開始，美澳印的海軍就和日本的海上自衛隊實施聯合海上軍事演習。日本與澳洲原本就是美國的盟友，但連印度也一起參與，在戰略上就有極大的意義。由於印度和中國的關係惡化，所謂「敵人的敵人就是朋友」，美國正好可藉此拉攏原本態度消極的印度成為盟友。

美國也加強了對台灣的直接支援。二〇二一年八月四日，拜登政府通知美國國會，宣布將銷售七億五千萬美元（約新台幣兩百一十億元）的武器給台灣。這是拜登上任以來首度對台的軍售案，共售出四十門自走砲和二十輛野戰砲兵彈藥補給車，並開始對台灣的「潛艦國造」

計畫提供技術支援。

在川普之前的歐巴馬政府，因為顧慮中國，對台軍售武器的決策十分謹慎。但川普上任後，卻做出十一次對台軍售的決定。只不過，川普的對台軍售，除了表明對中國施壓外，也有支持美國軍事產業的目的。

拜登政府則是延續並更進一步加強川普路線，但他要守護的不是美國境內的產業，而是台灣。拜登的策略是以美國作為中心，加強威懾來圍堵中國，遏止中國的軍事行動。

美國的另一個課題是如何強化國內的半導體製造能力。拜登可以說是近乎強制性地透過外交手段對台灣當局和台積電施壓，要求台積電答應在亞利桑那州設廠。同時，也轉身向韓國文在寅政府施加壓力，強迫三星電子及ＳＫ海力士在美國進行相同的直接投資。這就是美國對亞洲的半導體產業所布下的網，再一鼓作氣地全部拉進國內。

此外，美國政府也要求國內的格羅方德等晶圓代工企業增加生產力，格羅方德公司在德國及新加坡都設有工廠，在拜登政府的請求下加速新加坡的設備投資。

出口禁令反而對中國有利？

拜登的策略或許會改變日後國際分工的趨勢。

最初美國的半導體企業會將製造部門切分出去而形成無廠化，是為了減少投資半導體製造的風險，因此自二〇〇〇年左右開始，美國的無廠半導體公司和位於東亞的半導體製造代工廠結盟，像兩人三腳般地綁在一起前進。然而諷刺的是，隨著中國的崛起，這種為了降低風險所形成的商業模式，反而拉高了美國在地緣政治上的風險。

無論這些「受邀」而來的企業在美國是否能賺錢，拜登的半導體策略就是先強迫他們來設廠，只要策略奏效，原本散布在世界各國的半導體供應鏈就能集中到美國，強化美國境內的產業生態系統。

為了達到目的，美國政府必須拿出巨額的補助款去支援這些外來企業。雖然政府的財政負擔會因此變得沉重，但幸好美國的輿論普遍對中國懷有敵意，加上國內產業的確缺乏半導體等因素，讓政府可以正大光明地補助國外企業。只要這些外交政策和產業政策有一天能奏效，美國的半導體生產就能有飛躍性的成長。

拜登政府除了以上述做法「防守」供應鏈的同時，對於中國的「攻擊」也不曾鬆懈。他採取截斷糧草的攻勢，限制供應中國半導體產業的物資出口。針對華為旗下的子公司海思半導體、中國最大晶圓代工廠中芯國際、半導體設備製造商中微半導體設備（AMEC）等主要的中國企業，拜登仍持續採取出口禁令措施。

不過這個策略不可能永遠奏效。隨著中國半導體的自給率升高，制裁效果也會削弱，甚至反而為中國企業自行研究開發產生推波助瀾的副作用。

究竟美國會先打倒中國企業？還是中國企業會先自給自足？這樣的競爭同時也是一場與時間的競賽。

對內，美國政府自然也不能無視想在廣大中國市場做生意的美國企業反彈，故而必須費盡苦心在制裁效益與國內出口企業利益間取得平衡。

如果想做中國生意的企業聲浪占了上風，政府就不得不放寬出口禁令；若是保障國家安全的呼聲高漲，出口限制就能再提升了。

然而，和日、歐、韓的共同戰線能維持到什麼時候，也存在著變數。尤其是韓國，和中國之間的關係或遠或近，容易隨著政權更迭而改變。因此對各國出口限制的轡繩，何時該緊、何時該鬆，對美國政府是個艱難的考驗。

從「開放」轉為「鎖國」的要素

接下來，我們來關注拜登政府的貿易策略。在他上任前一年，大約二〇二〇年十月這個時間點，拜登幾乎還沒發表過他對全球自由貿易體制的想法，既沒有想要重返同樣出身民主黨的前總統歐巴馬所推動的《跨太平洋夥伴協定》（*TPP，川普執政時期退出），也沒打算重振功能不彰的世界貿易組織（WTO）。

有人批評當時拜登之所以對自由貿易態度冷淡，是忌憚黨內左派人士的意見。的確，二〇二〇年總統大選時的競爭對手，例如伊莉莎白·華倫（Elizabeth Ann Warren）或伯尼·桑德斯

（Bernie Sanders）的主張，都帶有強烈的貿易保護主義色彩，主張關閉美國市場以保障國內的就業機會。

此外，拜登還得考量民主黨傳統的基本盤支持者是勞工組織，以及顧慮那些支持川普卻無法在全球化浪潮中受惠的中產階級，因此的確很難在當時的情勢下提倡自由貿易。

然而拜登政府上任後，以保障經濟安全為優先、目標放在完成國內半導體供應鏈的產業政策，本質上依然與自由貿易相互矛盾。

例如，《跨太平洋夥伴協定》（TPP）原本是對各國開放的，只要符合條件，都可以加入這個自由貿易圈。倘若中國能在國內實行改革、邁向自由化，那麼中國也可以參加。由美國主導並建立規則的ＴＰＰ，原先最大的目標就是想要促使中國改變。

但是，在現今的全球局勢下，ＴＰＰ原本的理念對美國而言已經是不可行的。美國必須將中國排除在自由貿易圈外，只對可信賴的夥伴打開貿易的屏障，這樣才能確保平安，符合美國的國家安全目標。

「習近平領導的中國不會發生改革。」拜登一定是這麼想的。

只要拜登政府能提出新的貿易策略，就能在友好國家之間訂定數位分工的國際規則；為了創造更好的技術交流、打造數位資訊流通的系統，或許可以和具有相同理念的國家展開談判。

原先美國在ＴＰＰ協議中的數位貿易條款是：讓環太平洋企業的資料可以在彼此間自由通行無阻，不受國與國的限制。受惠於這個條款最多的，是以ＧＡＦＡ（*Google、Amazon、Facebook、Apple）為首的美國雲端企業。

如果美國要再次打造像ＴＰＰ這樣類型的組織，這次或許一開始就會把中國排除在外了。

如此一來，美國和夥伴國家所形成的這個組織，從內部來看是貿易自由化，但從外部來看則是排他的保護主義。只怕ＴＰＰ再也無法遵循「開放性」的本質了吧？

從開放到鎖國，讓美國的數位貿易政策方向大幅度轉彎的要素，現在都已經齊全了。

如同二十世紀美國挖出大量石油一樣，美國擁有能蒐集全球資訊的ＧＡＦＡ這四大網路平台公司，就像擁有數位資源裡的油井一樣，源源不絕地供給大數據。在處理資訊的半導體開發方面，美國企業擁有全球最頂尖的技術能力。ＡＩ的研究也走在世界最前端。作為網路平台基礎的雲端空間，也是由美國企業運作。也就是說，最重要的數位核心技術，幾乎都已掌握在美國的手中……。

因此，只要能彌補國內原先欠缺的半導體製造技術，就不太需要在數位領域追求自由貿易了，不是嗎？

最後，當美國的數位技術克服了地理限制，美國的地緣政治地位將升高，回歸門羅主義思維「只要美國好就好了，不需再靠別的國家」，這樣的想法未必是荒誕無稽的。

2 中國的「特洛伊木馬」

接著，我們來談談中國在爭奪半導體霸權方面所採取的經濟外交策略。

半導體爭奪戰的利器①——制海權

習近平的半導體政策，和拜登政府的策略如出一轍，有如一個銅板的兩面。習近平一樣「不想依賴他國，因而企圖建立自給自足的半導體供應鏈」。如同美國覬覦台積電，中國也需要台灣的半導體生產能力。

雖然中國想要實際控制台灣，但是侵略台灣的風險太大，而且也沒有合理的理由。然而，為了從台灣再次取得半導體的供應，中國必須持續對台灣及美國施壓。中國試圖營造出「只要我想要，我就能控制台灣」的氛圍，讓台灣及美國都感受到軍事威脅。

現階段雖然受到美國及其他親美國家的壓制，但中國想必在思考如何盡早取得以九州為起點，往南至沖繩，然後再延伸到菲律賓、婆羅洲的「第一島鏈」制海權吧？當然，台灣也包括在內（參見圖表 5-1）。

中國在南海積極部署，甚至還獨斷地在南海畫定九段國界線，俗稱「九段線」（參見圖表 5-2），片面宣稱擁有線內區域的主權，欲奪取作為東亞生命線的海上航道控制權。中國主張

圖表 5-1　第一島鏈與第二島鏈

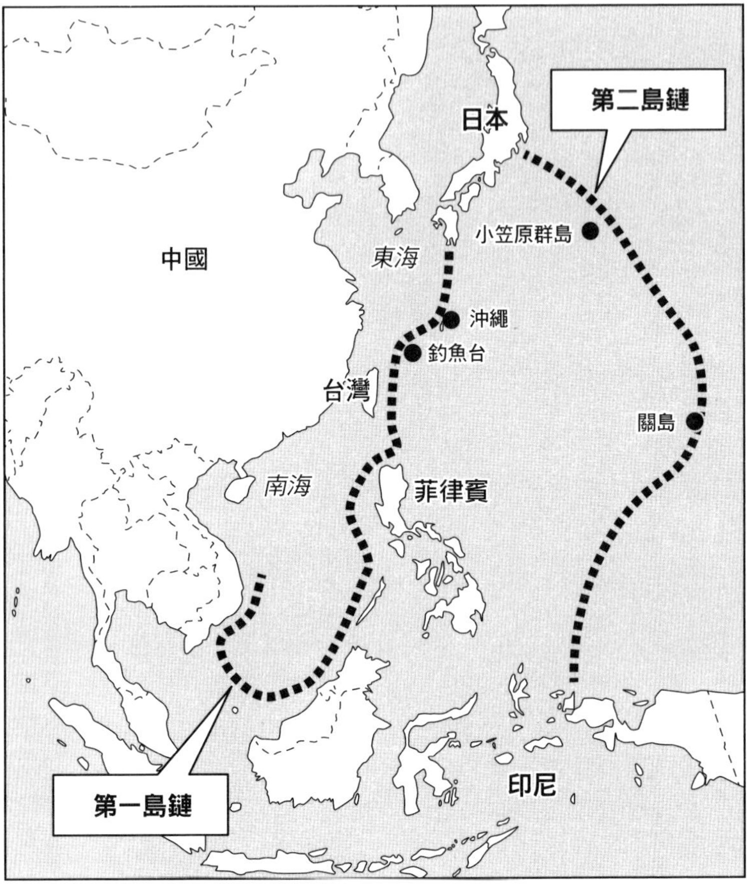

圖表 5-2　九段線：中國主張擁有主權的領土

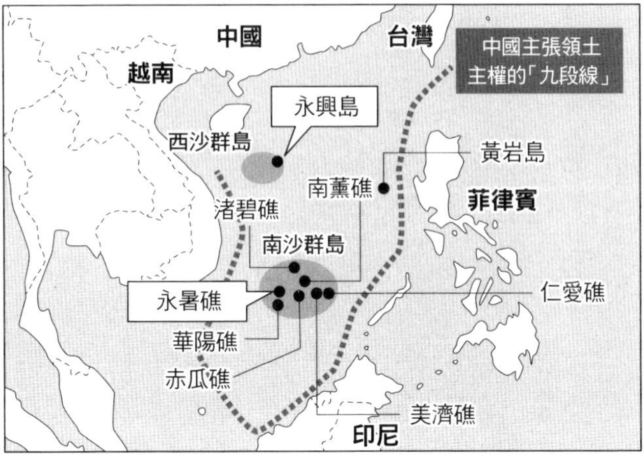

既然這裡屬於中國領海，那麼他們就可以為所欲為。

中國還不斷加速在南海的軍事化建設，利用南沙諸島的零星暗礁建設人工島作為軍事據點。截至二〇一九年為止，中國已經在永暑礁建造了三〇〇〇公尺的跑道以及電波干擾設施，還能用衛星來確認戰鬥機離陸及著陸的情形。觀看永暑礁的照片，會感覺美麗的海洋和島礁上森嚴的軍事設備完全不協調。

美中的對立激化始於二〇二〇年四月，中國擅自在南沙群島及西沙群島設置行政區，將這裡視為中國的「地方自治區」，南沙區政府的所在地是永暑礁，西沙區政府則在永興島。

這麼一來，台灣南側的海域，至少在中國地圖上將完全屬於中國的管轄範圍。

台灣的壓力不僅來自南方，來自西側大陸的

壓力更大。中國海軍東海艦隊將司令部設在浙江寧波的基地，盯著東海動靜，而負責注意南海動向的南海艦隊則在海南島設有主要據點。

就如我在第三章提到的，隔著台灣海峽，與台灣近在咫尺的福州和寧波有好幾處空軍基地，只要有超音速戰鬥機，短短五分鐘便可飛到台灣。

中國對台灣的空中恫嚇也頻繁發生，只不過沒有一一公開。例如二〇二一年九月，英國航空母艦自南海、東海往北之際，就發現有中國軍機進入台灣的防空識別區（ADIZ）。十月之後次數更急速增加，四天之內，中共軍機擾台次數便達到一百四十九架次。

同時，中國亦有無人機越過日本宮古海峽，飛往西太平洋。日本防衛省統合幕僚監部（*相當於國防部參謀本部）在八月二十六日證實，偵測到中國新研發生產的偵察、攻擊兩用型無人機，日本航空自衛隊（*相當於空軍）的戰鬥機緊急升空驅離。由此可見中國軍機經常進入釣魚台的防空識別區，推測應是從福州、寧波的空軍基地起飛。

一言以蔽之，台灣四周盡是中國的軍隊基地，而集結半導體工廠的新竹，更位處台灣本島最靠近中國的西岸位置。以地緣政治風險來看，沒有比這裡風險更高的地方了。

半導體爭奪戰的利器②——廣大的國內市場

中國的另一個「利器」是廣大的國內市場。根據一份二〇二〇年半導體市場規模的調查顯示，中國的市占率壓倒性地大。光是中國就占了全球需求的35%，其次是北美占了22%，歐洲及日本則各占8%。

毫無疑問，中國的市場力量日後還會愈來愈強。中國是數位先進國家，半導體需求每年都以兩位數左右的速度持續成長，若不是因為美中對立，全球半導體廠商應該會以中國的成長市場為目標，積極增加對中國的出口。

在第四章介紹的訪談中，華為日本分公司董事長王劍峰十分留意美國半導體廠商在檯面下的動作。他認為今後美國政府的出口限制，不會針對所有的半導體，而是限定技術水準較高的部分。

事實上，美國的半導體企業也希望除了戰略敏感的精密產品以外，都能自由銷往中國。英特爾或高通公司的通用晶片可以說是其中代表。但這界線在哪裡並不能光憑企業自己臆測，所以美國商務部必須明確列出禁令清單，畫出界線，表明「這個範圍內的商品可以出口」；而中國企業也同樣關注這條界線。

那些尋找擴大出口機會的美國企業，正中中國的下懷，因為這或許是個可以打開美國出口限制的突破口。美國政府基於國家安全支持國內的半導體企業，但是這些企業在生意上的確依賴中國市場。如果美國企業說服政府放寬出口限制，它們就可能會成為中國的特洛伊木馬而反噬美國，美國的困境就在這裡。

大約從二〇一九年開始，習近平政府自詡為全球自由貿易領頭羊，這點多少和美中目前扭曲的貿易關係有關。

接下來，讓我們先把目光從半導體供應鏈上移開，看向數位產業舞台，瞧瞧網路空間裡的數據貿易發生什麼變化。

中國取代美國，接管TPP

自從川普政府脫離TPP，走下制定自由貿易規則的舞台，美國就開始往保護主義傾斜。接著拜登政府上台，美國國內的保護主義傾向仍未改變。看著美國從自由貿易主義變節轉為貿易保護主義，習近平抓準了這個時機。

二〇二〇年五月，中國全國人民代表大會在北京召開。總理李克強在記者會上提到將參加《跨太平洋夥伴全面進步協定》（CPTPP，因有十一個成員國，又稱為TPP11），表明中國「將採取積極開放的態度」，這是中方首次公開提出參加意願。

同年十一月，在以視訊方式召開的亞太經濟合作會議（APEC）上，則是由習近平親自表示會「積極考慮」加入CPTPP。

接著是二〇二一年九月十六日，在紐西蘭的首都威靈頓，中國商務部長王文濤向紐西蘭貿易部長達米安·奧康納（Damien O'Connor）正式提交申請加入CPTPP的書面信函。

自從美國退出TPP後，TPP就改成以日本為首的十一國協定，正式名稱變更為《跨太平洋夥伴全面進步協定》（CPTPP, Comprehensive and Progressive Agreement for Trans-Pacific Partnership）。中國若是要加入，就必須遵照協定的內容來推動國內改革，雖然不簡單，但並非不可能。

如果成功加入，中國就和其他成員國一樣擁有相同的發言權。其實，最初TPP就是美國為了誘使中國加入國際規範而搭建的舞台。結果反而在美國退出後，中國才開始表態想加入制定自由貿易國際規則的一方。

據日本外交官員表示，中國外交部在二〇一六年前後，一有機會就在非正式場合表現出對TPP的關心。日方一開始並不重視，認為中國「只是擺出有在關心自由貿易的樣子」。直到川普政府決定退出TPP後，中方的發言及提問增加，才警覺到「或許中國是玩真的」。

「中國正企圖接管TPP……」

就在李克強和習近平提出參加TPP的發言前後，到日本訪問的美國政府卸任高官，直言不諱地表達出他們的擔憂。對那些歐巴馬時代在白宮提出TPP的當事者來說，現在的狀況出乎意料之外，明明美國才是TPP的創始者，曾幾何時變成中國企圖登上核心位置。

數據資料貿易的獨裁者

另外一個習近平政府參與制定國際貿易規則的例子，是二〇二〇年十一月簽署的《區域全面經濟夥伴協定》（RCEP, Regional Comprehensive Economic Partnership）。這是由日本、中國、韓國及東南亞國家協會（ASEAN）、澳洲、紐西蘭等十五個國家組成的多邊談判，中國在許多議題上都積極主導。

例如在訂定電子商務規範方面，也就是在數位條款的細則上，就反映出濃厚的中國主導色彩。

條款中規定數據資料可以跨境流通，數據的保管、存取，不應該受到國家在地化的限制。這一點乍看之下，似乎保障了企業數據的自由流通，但再仔細閱讀細項，裡面還有一條但書：如果成員國判斷會危害到自身國家的安全，就可以當作例外處理。

另外，在TPP中有許多嚴禁要求揭露軟體原始碼（source code）的規定，以便保護軟體開發者的智慧財產權，但在有中國加入的RCEP中，僅表示是否禁止揭露原始碼「可以作為未來討論的議題」。

也就是說，雖然中國表面上提倡數據資料的貿易自由，但只要中國政府判斷有必要，就能扣留外國企業的數據資料以防跨境流通，也能要求外國企業將伺服器設在中國境內，甚至能要求外國企業揭露原始碼。

這麼一來，外國的雲端企業在中國蒐集的數據資料，實質上等於在中國政府的管轄之下，而在中國蒐集的數據資料卻無法帶出中國境外。

遵守規定的國家才是傻瓜

更嚴重的問題是，RCEP成員國之間發生爭端時的處理解決機制不足。數位領域因為不適用一般的解決機制，所以在數據資料的貿易方面萬一發生糾紛，也無法依據規範給予公平裁決。這表示違反規定者能逍遙法外，而照規矩的老實人反而像個傻瓜。

簡而言之，RCEP的數位條款如竹簍般滿是漏洞。RCEP的數據資料貿易規範，對於半導體領域或企業的全球化策略都有極大的影響，但內容卻遠遠比不上TPP。這就是目前由中國主導的自由貿易組織下所能做到的最大保障程度了。

確實，中國共產黨對外公布的官方文件中，愈來愈常表示他們正在積極參與國際貿易規範的討論。希望中國加入自由貿易組織以推動改革的中國內部改革派聲音，在中國也愈來愈強烈。

不過，從中國在國際舞台的實際行為來看，這些改革派的意見對中國政府而言，不過是茶壺裡的風暴，算不了什麼。雖然有人說影響中國政府的決策並沒有那麼單純，但有什麼方法可以從外部支持中國國內改革派呢？

中國所說的「國際規範」其實只是有利中國的規範；就像習近平政府所謂的自由貿易，和他擅自在南海畫出九段線的行為，背後的想法其實如出一轍。

習近平高舉著「自由貿易」的大旗向國際揮舞。中國今後也一定透過世界貿易組織、國際電信聯盟（ITU, International Telecommunication Union）等國際組織，加強參與國際規範的制定，尤其是在數位領域。

當然，只要是多邊談判所決定的規則，就不一定能盡如中國的如意算盤。美國過去也曾掌控主導權，制定了對美國有利的國際規範。就這個層面而言，美國和中國半斤八兩，只不過，至少美方在政策的決定上，透明度較高。

這段討論稍微偏離一下半導體，意在提醒我們不能對制定數位領域的國際規範掉以輕心，因為電腦硬體裡的半導體和數位空間的數位資料貿易，是一體兩面的。

在美中兩國對立之外，多邊貿易談判也成為霸權競爭的舞台。一旦拜登政府啟動國際貿易政策，美中勢必開始爭奪制定國際規範的主導權。

3 歐洲策略：以小搏大

即使無法支配整個半導體價值鏈，但只要找到關鍵控制點來布局，也能抑制地緣政治風險，讓戰況對自己更有利。歐洲採取的戰略，就是建立足以影響其他國家決定的傑出技術。

歐洲最強的「武器」——光刻機

在晶圓上蝕刻電路的作業稱為「微影（Lithography）」技術，這和以前傳統相機把底片上的人物或風景曝光顯像的原理相同，是製造半導體最基本的工程。

歐洲最強的武器，就是能夠進行微影曝光的「光刻機」（Mask Aligner）。因為能製造精密光刻機的廠商，全世界只有位於荷蘭西部費爾德霍芬（Veldhoven）的艾司摩爾（ASML）這家公司。

艾司摩爾具備什麼優異的技術呢？

想像一下雨後的天空所出現的七色彩虹：紅、橙、黃、綠、藍……彩虹的外側是紅色，而內側應該是紫色。紅色與紫色的尾端，彷彿融化在空中般消失不見。

人類肉眼所能看到的，只是光的一部分而已。彩虹兩側之外，人眼看不到的區域是紅外線與紫外線，而紫外線中波長更短的光，則稱為「極紫外光」（EUV, Extreme Ultraviolet）。

要製造高電晶體密度的半導體晶片，極紫外光扮演重要的任務。為了提升蝕刻在晶圓上的電路圖精細度，必須竭盡所能使用波長更短的光。因此如果想要電路做得愈精密，極紫外光的波長就必須要愈短。

艾司摩爾所掌握的，正是極紫外光的曝光技術。韓國三星電子與台灣的台積電在半導體的精細加工上均已突破7奈米製程量產的屏障，更進一步朝5奈米、3奈米精細化競爭，但到了這麼精細的程度，沒有艾司摩爾的光刻機，恐怕難以製造出來。

主客顛倒的三星，慘遭擊垮的日本

「希望（艾司摩爾）能賣我們公司更多ＥＵＶ光刻機。」

新冠疫情高峰期的二〇二〇年十月十三日，根據韓國媒體報導，三星電子的李在鎔副會長專機飛往荷蘭，直接找艾司摩爾的執行長溫彼得（Peter Wennink）洽談。

這一年三星手上的艾司摩爾設備估計約為二十五台，只有對手公司台積電的一半左右，這表示他們的生產力將會落後對手，這讓三星十分焦慮。

從三星要求更多設備來看，外界臆測李在鎔必定投資了巨額的研發費用。原本三星應該是艾司摩爾的客戶，現在主客關係顛倒，三星反而得懇求艾司摩爾販售設備給他們。

本章章名頁的照片，就是組裝中的艾司摩爾ＥＵＶ光刻機。大小幾乎相當於大型卡車，一台價格高達一、兩億美元。雖然擁有愈多設備，就能生產愈多半導體，但艾司摩爾一年能生產的光刻機數量最多只有三、四十台，因此各國廠商都在搶購。

理應擅長設備製造的日本，表現又是如何呢？直到二〇〇〇年左右為止，光刻機設備仍由日本Canon及Nikon獨占，兩家公司合起來約占全球八成的市占率。然而，這兩家公司在ＥＵＶ技術的開發競爭中敗北，逐漸離開第一線戰場。如今艾司摩爾取代這兩家公司，占有八成的市占率。

當我請教Nikon今後EUV技術的方向時，技術部門透過宣傳部給出了禮貌性的回答：「因為公司並沒有開發EUV光刻機，所以我只能大概回答。我們認為必須改善光刻機模組化的缺陷、光罩的不足、光阻劑、光源輸出等問題。」

這個回答似乎透露出遺憾。同時我也藉此知道，EUV技術需要有多少條件才能成功。日本和荷蘭的製造廠動員了各領域的技術，激烈競爭，更有多次的專利訴訟。但現在荷蘭公司已經穩居市場山頭，日本企業很難東山再起。

獲得整個歐洲後援的企業

我請專家為我解說EUV光刻機的構造和原理，光聽就覺得規模大到令人聞之生畏，技術更是艱難得超乎想像。

以光源系統為例，必須每秒照射五萬次液態錫滴，讓錫滴落到真空容器中，再以雷射轟擊液態錫滴，產生極紫外光光束。由於極紫外光很容易被吸收，所以光束通過的機台內部必須完全真空。

在層層相疊的薄膜所製成的特殊鏡面上，利用光線經過數次反射來調整倍率，最後照射在半導體晶圓上進行光刻。因為採用極大的玻璃鏡片，所以整台機器就變成照片上的巨大設備。

艾司摩爾是電機製造大廠，原本屬於飛利浦旗下一家合資的荷蘭企業。但光靠荷蘭的技術不足以製造出設備，因此需要專業光學技術的鏡面，便由以製造相機鏡頭聞名的德國蔡司（Zeiss）公司生產，而雷射產生器則是由德商創浦（TRUMPF）製造。

歐盟也加碼挹注補助款。與其說艾司摩爾是荷蘭企業，不如說這是由整個歐洲在背後支援的企業。

技術力背後的情報機構

同時，我們也必須關注艾司摩爾與比利時微電子研究中心愛美科（IMEC, Interuniversity Microelectronics Centre）的關係。IMEC是研發奈米等級微電子、資訊及通訊技術的非營利組織，匯聚全球近兩千位研究人員及工程師，其中有六至七成是從約五十個國家的企業派遣來的外國人。

IMEC以會員制的形式招募企業加入，企業則提供資金和人才前往參加共同研究專案。日本主要的半導體企業也不例外，以各種形式與IMEC合作，常駐比利時總部魯汶的日本人約有四、五十人。

「把人員送到這裡的目的，不光為了研究開發，同時也是為了獲得情報。如果不和IMEC保持良好關係，就無法知道最先進的技術動向。因為這裡就像聚集技術人員的俱樂部，雖然成員中也有競爭對手，但基本上是可以自由高談闊論交流的氣氛。」

曾是日本最大設備製造商東京威力科創的會長東哲郎，對於企業和IMEC的關係做了上述表示。其他各國企業想必也是基於相同的考量吧？IMEC是開放式創新（open innovation）研究的中心，不僅匯聚了資金和人才，更匯集了來自全球製造現場的最新消息。

荷蘭的艾司摩爾背後，也有IMEC的支持。兩者都屬於荷蘭語系，地理位置也相距不遠。透過IMEC，艾司摩爾可以輕易獲知業界的最新動態，知道「世界各國的製造廠正在為什麼而苦惱？又在尋找什麼樣的解決對策？」這也是為什麼艾司摩爾能夠擁有優異技術的關鍵因素。

美國也畏懼的一張王牌

美國為了制裁華為，同樣也禁止其他外國企業向中國企業出口。這麼一來，艾司摩爾也不能銷售EUV光刻機給中國，等同封鎖中國製造業精細加工的道路。

對艾司摩爾而言，中國企業是第三大客戶，僅次於台灣和韓國，因此艾司摩爾一開始也抗拒美國政府的施壓，最後還是被迫遵從出口禁令。

二〇二一年美國政權交替後，拜登依然維持原本的出口禁令，中國仍無法從荷蘭調度到EUV光刻機。

美歐雖然對中國在禁止出口上拉起了共同戰線，但從歐洲的角度來看，艾司摩爾手上同樣有一張對美國的王牌可打。因為美國企業同樣需要艾司摩爾的設備。

美國仰賴的台灣、韓國晶圓代工廠，正排隊等著採購艾司摩爾的設備，今後英特爾及格羅方德等美國企業若正式參戰加入微製程的競爭，勢必也得加入等待艾司摩爾設備供貨的行列。

美國或許可以禁止對中國出口，卻無法強制別人一定要把東西賣給美國。只要艾司摩爾屬於荷蘭企業的一天，歐洲就仍握有全球半導體製造產業的支配權。

因此，即使同為對抗中國的「西方陣營」，歐洲並不需要對美國言聽計從。為了保衛自身的國家安全，歐洲不可能放棄艾司摩爾這家公司。

半導體供應鏈頂層的英國企業

「我終於能見到四十年前就令我感動、崇拜的偶像！我要用雙臂緊緊擁抱他。」

二〇一六年七月二十一日，日本軟銀集團會長孫正義以興奮的口氣說道。孫正義所說的「偶像」，指的是據點設置在英國劍橋的安謀國際科技公司（ARM）。

安謀是從事半導體晶片設計的矽智財無廠企業。就在孫正義這番談話的前幾天，軟銀宣布以三百二十億美元（當時約新台幣九千二百億元）收購安謀，舉世譁然。

四十年前，孫正義還只是個學生，在科學雜誌上看到了半導體晶片的照片，不禁讚嘆「人類終於創造出超越自身智慧的東西了！」他甚至還把那一頁剪下來隨身攜帶。不知道映照在孫正義眼中的安謀是什麼模樣呢？

如同荷蘭的艾司摩爾一樣，安謀位於整個半導體價值鏈的最頂層，具有獨占性的隘口地位。即使是像高通、蘋果、輝達這樣的大廠，都得使用安謀授權的ＩＰ技術、購買安謀的基本電路設計架構，再加以組合後，才能完成自家公司的晶片設計圖。

智慧型手機或平板電腦所搭載的晶片，大多都是使用安謀設計的基本電路架構圖來設計。說得更嚴重一點，若是各家廠商少了安謀的設計架構，就無法製造自家公司的晶片。

軟銀把安謀納入旗下，就等於孫正義可以完全掌控價值鏈。孫正義所說的：我要用雙臂緊緊擁抱的，或許不是安謀，而是全球的半導體產業。

也許有人會認為何必特地向安謀購買電路架構圖，自行設計不就好了？看了以下的說明，應該很容易了解其中的困難度。

隨著精細加工技術的進步，晶片裡能容納的電路數量也愈來愈多。一顆高密度晶片中，由電路所構成的電晶體數量甚至高達數百億個。以建築來比喻的話，設計一顆晶片的作業，就如同設計一整座大城市一般。

不論能力多麼強的設計事務所，都無法光憑一家公司就畫出整座都市的設計圖。即使技術上有能力做到，但完成整座城市的設計圖要花上多少年？這麼一來將曠日費時。

因此，先向其他公司購買現成的大廈或住宅等細節設計圖，加以組合或修正後，再完成都市的整張設計圖，才是最快的。而安謀就像是設計並銷售這些大廈或住宅設計圖的事務所。

一場動搖國本的收購案

二〇二〇年九月，軟銀發布將安謀賣給美國輝達，賣出的金額為四百億美元（當時約新台幣一．一八兆元）。當初以三百二十億美元收購，四年間獲利25%。很多人嗤之以鼻，認為原來孫正義追求的夢想，其實也不是半導體產業，而只是投資利益。

然而，英國政府緊急對收購案喊停。

「安謀若由美國輝達控制，我們擔心輝達的競爭對手企業將無法取得核心技術，最終甚至妨礙整體產業的技術革新。」

二〇二一年八月二十日，英國政府的競爭與市場管理局（CMA）公開發表反對收購的報告書，理由是：若將擁有基本電路架構圖晶片設計能力的安謀納入輝達旗下，將會對其他半導體廠商不利。

不過，禁止壟斷只是場面話，英國政府其實還有更深層的擔憂。

英國國會下議院外交事務委員會主席湯姆圖根達特（Thomas Tugendhat）在推特呼籲：「安謀的售出涉及到國家主權問題。對技術的掌控是保衛（國家）獨立的基本要素。因此對於美國總統底下的投資委員會所做的決定，英國國會為什麼一聲不吭？」

圖根達特主張，收購的適當性不能交由美國政府擅自判斷。

安謀共同創辦人赫曼．豪瑟（Hermann Hauser）也在二〇二〇年九月的路透社訪談中表達他的怒意：「（賣掉安謀）不論對英國或歐洲，都是一場災難，安謀是最後一家與全球相關的歐洲科技企業，現在卻要賣給美國人？」

英國的自尊心在這時表露無遺，絲毫不隱藏對盟友美國的不信任感。這或許才是曾經掌握世界霸權的英國內心真正的想法吧？

美國除了要求台灣台積電和韓國三星電子在美國設廠，補上製造面所欠缺的拼圖，更進一步企圖藉由輝達的收購，設法將英國的安謀也弄到手。

若是位居價值鏈核心的安謀能成為美國企業的子公司，美國就完全掌控了半導體產業；若是英國政府不阻止收購，英國將失去地緣政治戰場的棋子。

想必英國不可能輕易放手安謀，從日本軟銀發布消息後經過一年，直到我寫作本書的二〇二一年十月，收購案仍未成立（*二〇二二年二月七日，輝達和軟銀宣布同意終止雙方之前達成的安謀股份交易協定，收購案正式宣告失敗）。

專欄

安謀中國的紛爭

英國安謀公司不僅因美國輝達的收購案而震撼業界，在中國分公司的問題也成為燙手山芋。

安謀中國（ARM China，二〇二〇年改名為安謀科技）為英國安謀公司在中國的合資企業。董事長兼執行長吳雄昂遭解雇後，至今依然掌握管理權。二〇二一年十月，據點位於廣東深圳的安謀中國，從英國劍橋的安謀總公司獨立出來經營。

安謀中國原先是將半導體晶片電路圖等智慧財產（IP）以授權供應的方式銷售給中國半導體企業，是隸屬於安謀總部100%出資的當地法人，但納入軟銀旗下後，二〇一八年成為與中國合資的公司（*二〇一八年六月，日本軟銀將安謀中國公司51%的股份出售給包括厚安創新基金等在內的中國投資者）。

目前安謀總公司持股為49%，中國基金投資者共持有51%的股份，換句話說，控制權掌握在中國手上。

然而，就在二〇二〇年上半年，執行長吳雄昂涉嫌擅用職權危害公司發展與股東利益，安謀總公司及中方出資者在六月的安謀中國董事會上，正式決議予以罷黜。然而，吳雄昂雖然遭到解任，卻沒有離職。

說來荒謬，吳雄昂之所以可以不離職，是因為拒絕移交公司印信及申請文件。在中國的商業制度中，印鑑效力之大，甚至可以代表公司，公司因為缺少印鑑，竟無法逕行向主管機關送件，執行罷黜決議。

投資該公司的中國聯合基金也不認同吳雄昂的做法，但吳雄昂卻倒打一耙，想對把自己趕出公司的董事提出訴訟，這使得安謀中國內部陷入一片紛亂。由於安謀中國已非總部100％持股的子公司，英國安謀總部只能遠遠作壁上觀而束手無策。

在日漸激化的美中對立下，安謀總部仍然可以在中國做生意，是因為安謀中國是英國企業，技術是英國獨自開發，沒有仰賴美國的技術，所以不在美國政府出口限制的管控之列。

從安謀總部的角度來看，中國是重要市場，自然希望能享有不受美國政府規範的自由。在中國開發的半導體晶片，據說九成以上都是出自安謀的基本電路設計。尤其是華為子公司海思半導體，是安謀最大的客戶。

美中鴻溝加深，安謀正想規避美國政府的介入，獨自擴展在中國的生意時，卻發生了解雇執行長的鬧劇。

因為無權管理，所以安謀總部便停止供應安謀中國新的IP。換句話說，最新型的晶片設計圖不再送往中國。

「這個狀況繼續下去的話，困擾的可是你們這些中國半導體廠商，希望中國當局運用你們的力量想想辦法。」安謀總部以停止支援新技術的方式，促請中國當局介入並解決問題，但目前仍然沒有進展。

非但如此，安謀中國仍然繼續在中國的事業，並且宣稱將開始供應不是來自安謀總部，而是在中國境內開發的自有品牌之晶片設計專利權。吳雄昂似乎想在中國建構自己控制的獨立王國。

安謀總部主張和握有51％股份的中方出資者繼續合作下去。今後事態會如何發展仍無法預料。目前看來是對於吳雄昂個人一籌莫展，未來中方的出資者會有什麼動作呢？在中國方面，主要的投資者是政府底下的基金。

當初成立合資公司將51％的股權交給中方時，安謀總部就已失去管理權。據說日本軟銀之所以會將原本完全是子公司的安謀中國轉為合資公司，是因為認為這麼做更容易開展在中國的事業版圖。

安謀掌控的是半導體晶片基本中的最基本項目——電路設計的專利權，照理說位居價值鏈的最核心位置，應該可以主導一切，但卻讓安謀中國持有IP經營權。這就等於讓價值鏈主要的河流，不但分出支流，這條支流還擅自從原本的主流切離，成為獨立流淌的河流。

接下來全得看中方的出資者今後會怎麼做。如果情況不妙，安謀中國很可能被中國整盤端走。這麼一來，半導體的地緣政治地圖將重新洗牌，「西方」對中國的影響力將一口氣大幅削弱。

安謀將原本的子公司股份賣給中國聯合基金時，美國海外投資委員會（CFIUS）等美國政府監視當局，基於國家安全的顧慮，似乎曾經表示過反對。

然而安謀總部不理會美國忠告而走向合資公司的形式，或許並不是真的在打中國生意的如意算盤，而是不想乖乖聽從美國政府的心理在作祟吧？

根據中國與英國的報導，吳雄昂有美國籍身分，不但擁有美國加州大學柏克萊分校的MBA學位，在矽谷的科技業界資歷也非常久，二〇〇四年進入安謀總部後，被交付負責安謀的中國事業。

安謀總部及軟銀，當時應該很信任吳雄昂在中國的經營手腕與忠誠度吧？

產業鏈下游對台積電的爭戰相當激烈，但針對上游的安謀，與英國的糾葛纏繞，也極容易種下國與國之間的紛爭火種。

第六章

日本東山再起

2021年4月，美國總統拜登與日本前首相菅義偉在華盛頓召開日美領導人會談。
（© Office of the President of the United States ／ Wikimedia Commons）

半導體價值鏈的戰略要衝分布於全球各處。其中最關鍵性的要衝，包括台灣台積電（擁有高階晶圓代工技術）、英國安謀（提供半導體晶片電路圖設計授權），以及荷蘭艾司摩爾（製造精細加工設備光刻機）。

能駕馭這些關鍵要衝的國家，就等於擁有駕馭價值鏈的力量，成為網路世界的強國。遺憾的是，目前日本並沒有具備上述價值的企業。

不過，這場戰爭不只是爭奪既有的戰略要衝。每當出現新技術，半導體的地緣政治地圖就得重新繪製。即使目前手中沒有王牌，只要創建出新的要衝就行了。

日本已經開始迎接挑戰。

1 東大與台積電的合作計畫

起風了！

二〇一九年三月，時任慶應義塾大學教授黑田忠廣的電話響了。

「起風了！」黑田忠廣的東京大學友人在電話另一頭說道。

東京大學與台積電正聯手研究先進半導體技術，期盼這次的合作能突破過去半個世紀的技術框架，研發出突破既有觀念，足以席捲整個產業界的不同維度晶片。如今實現的可能性大增，東京大學內部因此吹起一陣春風。

友人向黑田提出邀約：「你是否能從慶大轉來東大，帶領這個計畫呢？」黑田教授和東芝合作開發半導體將近二十年，發表超過一百篇學術論文。這項跨國產學合作的遠大構想，必須由經驗豐富、作風明快的黑田來指導推動。

「東大應該還有其他人選吧？如果是我，我會選擇更年輕的人……」黑田忠廣對於突如其來的邀請十分驚訝，但他在談話中感受到一股風向，並且很快就在腦海裡建構出一張強而有力的半導體產業藍圖。於是他答應邀約：

「我知道了。一起合作吧！」

促使日本政官界、產業界覺醒的作戰計畫，就在這句承諾下起飛了。

台日聯手，創造半導體戰略要衝

東大與台積電的合作契機始於東大校長五神真在二〇一八年底訪台，同時拜訪了舊識台積電創辦人張忠謀。張忠謀表示自己已經退休，因此介紹台積電現任董事長劉德音給五神真。

當時參加會談的還有黃漢森，他是美國史丹佛大學終身職教授，也是台積電技術研究部組織主管（*二〇二〇年四月一日起轉任特聘顧問，擔任台積公司首席科學家）。在談論半導體的未來時，他們共同提議：「東大與台積電一起來做點有意思的事吧！」

五神真迅速採取行動。一回到日本，立即著手籌備日台合作的專案小組。一向隱身業界舞台幕後的台積電，首次正式與日本工業界和學術界結盟。

隔年二〇一九年春天，原本在慶應大學任教的黑田忠廣受邀擔任研究計畫主持人，八月就正式轉到東大擔任教授。這可能是東大有史以來速度最快的人事聘任。

同年十月，東京大學工程學院的「系統設計實驗室」（d.lab, Systems Design Lab）設立，二〇二〇年八月則成立了「先進系統研究協會」（RaaS）。

前者「系統設計實驗室」（d.lab）採會員制延攬企業，彼此分享知識的同時又能公開討論問題，可說是研究人員的自由廣場。

透過與東大電子工程學院各研究室合作，企業會員可以自由討論「想用半導體做什麼？」「希望製造什麼樣的晶片？」「又需要什麼技術支援？」台積電再根據這些構想落實為具體的產品。

台積電與東大攜手合作，形成一股強大的向心力，不僅吸引了與半導體直接相關的業界，還受到化工、精密機械、通訊、創投、貿易公司的關注，一開始就匯聚了四十多家企業。

黑田忠廣的動向也在海外造成話題，吸引許多外國企業加入d.lab。在開發下一代半導體的共同目標下，過去彼此互不相關的企業在d.lab齊聚一堂。

後者「先進系統研究協會」（RaaS）則是東大、台積電和個別企業採對外保密形式開發特定技術的組織，率先加入的四家日本核心企業包括日立、松下電器（Panasonic）、凸版印刷（Toppan Inc.），以及電裝（Denso）和豐田汽車合資成立的半導體公司「MIRISE Technologies」。各家公司的計畫內容都是企業機密，外部企業以及其他RaaS企業會員都無法得知。RaaS設有具體的研究和開發項目，甚至有些企業挹注了數億日圓的開發費用，其成員中沒有外國企業。事實上，更準確的說法是RaaS不允許外國企業加入，因為這是攸關日本地緣政治風險的國家戰略。

大趨勢：汽車產業從晶片使用者，轉為製造者

在率先加入RaaS的四家日本企業中，「MIRISE Technologies」與其他三家半導體、電機與材料製造商顯得格外與眾不同。這是豐田汽車與汽車零件供應商電裝在二〇二〇年四月成立的合資公司，目的是為集團開發專用晶片。

豐田汽車與電裝公司已經自行製造車用半導體一段時間，產品包括用於驅動汽車設備的功率半導體，以及替代人類五感的汽車感測器（如加速度感測器等）。兩家公司都在愛知縣豐田市、額田郡、岩手縣金崎町等地設有工廠（岩手縣的工廠是二〇一二年電裝公司從富士通收購而來）。

然而，豐田汽車與電裝公司卻沒有製造精密邏輯半導體的經驗。邏輯半導體相當於一部

機械的大腦。豐田參加RaaS，等於是從邏輯半導體的主要用戶，轉變為自行生產的製造商。

豐田與東大、台積電一起開發的內容是機密中的機密，該公司在二〇二一年表明要進軍「移動即服務」（Mobility as a Service, MaaS）事業（＊一種整合智慧交通運輸服務的商業模式），因此不難想像他們正在開發哪種專用晶片了。

以自動駕駛為例，高速行駛中的汽車，除了要確認交通信號標幟、掌握與前方車輛的距離、留意左右搖晃的腳踏車，還有突然衝出道路的兒童……這些數據若是一一傳送到遙遠的伺服器處理，必定緩不濟急。

視覺感測器捕捉到的路況分分秒秒都在變化，而汽車必須對照地圖訊息即時操控，人工智慧識別影像必須比人類的思考和動作更快速。

其他諸如正確操縱汽車方向盤、馬達、電池等功能也缺一不可，若是不能在汽車內部即時處理龐大的數據資料，就無法實現自動駕駛。

只有對汽車瞭如指掌的汽車製造商，才能開發出符合自動駕駛汽車所需的特殊晶片。換句話說，汽車製造商若不自行開發專用晶片，就不可能達到自動駕駛的目的。

半導體的民主化

「系統設計實驗室」（d.lab）中心主任黑田忠廣表示：「半導體產業五十年難得一遇的大舞台即將開場。

「到目前為止，大量生產的廉價通用晶片一直是半導體產業的主流，但今後將逐漸被少量訂製生產的特殊晶片取代。標準化的現成晶片不足以解決社會問題，也不足以創造構築未來社會的服務或設備，而能掌握這個關鍵的，正是過去那些意識到當前社會問題並運用晶片解決問題的企業。

「然而，開發專用晶片既昂貴又耗費時間。因此電子設計自動化（EDA）軟體對於自行設計晶片的企業至關重要。我們需要像編寫軟體般，能夠自動生成半導體晶片編程的設計工具。」

黑田忠廣的目標，是要將半導體的開發效率提高到目前的十倍。只要有這些工具，半導體開發將不再只是美國和中國等少數廠商的專利，各行各業都能取得自己所需的半導體。如果半導體是社會的基礎設施，那麼任何人都應該能運用半導體技術。黑田忠廣稱此為「半導體的民主化」。

我在第四章曾介紹過「深圳速度」，事實上，某家日本電信公司曾經委託日本半導體廠商設計試作晶片，但因需耗時半年到一年，該電信公司只好轉而委託中國廠商，結果中國兩個月內就完成了。

中國企業擁有優異的技術和為數眾多的設計工程師。若以人海戰術，日本無法與中國抗衡。要與中國對抗，就需要電子設計自動化工具。

根據黑田團隊的試算結果，使用傳統方法開發一個5G地面站晶片需要十四個月，花費四十五億日圓（約新台幣十億元）。使用電子設計自動化（EDA）軟體和3D立體堆疊封裝技術，時間可以縮短到六個月，不僅費用降到十五億日圓（約新台幣三億四千萬元），性能還是傳統開發的兩倍。

這麼一來，企業或國家若擁有能實現半導體民主化的EDA工具，就能在不久的將來控制半導體價值鏈的咽喉點。

EDA領域目前由三家美國公司寡頭壟斷（三大企業依序為新思科技〔Synopsys〕、益華電腦〔Cadence〕、明導國際〔Mentor Graphics〕），川普政府禁止運往中國的半導體使用這些軟體，這就足以讓華為舉白旗投降。

日本已經覺醒

日本不能過於依賴美國，企業必須擁有下一代電子設計自動化工具的智慧財產權（IP），並提供國外這些工具，才能大幅增加日本的優勢。黑田的計畫甚至可能引發地緣政治變革。

全球競爭十分嚴峻，美國、中國和世界各地的企業都在競相開發新的設計工具，特別是美國在「國防高等研究計畫署」（DARPA, Defense Advanced Research Projects Agency）的指導下，在研究和開發方面進展迅速。

DARPA是成立於一九五八年的美國軍事機構，最初目的是建構一個即使發生核戰也能照常運作的通訊網，當時開發的通訊網即為現今的網際網路原型。

現在的DARPA，則是將研發半導體設計工具視作軍事關鍵技術。可想而知，中國也一定在進行類似的計畫。

的確，日本既沒有Google、亞馬遜，也沒有製造高超音速飛彈或機器人武器的企業。但是，日本國民正面臨生活品質下降的威脅，衍生了種種急待解決的課題——出生率下降、人口高齡化、勞動年齡人口減少、人口集中都會、基礎設施老化以及氣候變化導致的自然災害增加等等，日本面臨的社會問題將拓展半導體在各個領域的應用。

如今大舞台換幕，新世代的半導體晶片需求產生，對面臨許多社會挑戰的日本而言，這或許是一個絕佳的機會。

從一九八〇、九〇年代之後失去活力的日本企業，或能寄予一線希望。日本企業在各自領域的經驗及知識，將能推動日本的半導體技術。

可以確定，日本半導體產業已開始覺醒。

2 全面啟動的自民黨

「異次元」格局的補助款

二〇二一年五月二十一日，自民黨議員黨團組成了「半導體戰略推進議員聯盟」審查日本的半導體產業相關政策。自民黨稅制調查會長甘利明擔任會長，前首相安倍晉三與財務大臣麻生太郎則擔任高級顧問。當天在自民黨本部召開的成立大會，大約有超過一千位議員及祕書參加。

甘利明語氣堅定地直言：「半導體戰略是一場攸關國家命運的戰爭，控制半導體就能控制世界，這句話一點也不誇張。日本不能停在原地，我們希望能帶領大家再次奪回世界第一。」

坐在正中央的安倍晉三精神奕奕，和前一年辭去首相時的黯然神情截然不同，他表示：「半導體是所有產業的戰略咽喉點，我們必須從國家經濟安全的觀點來思考，將其視為國家戰略工具，而非單純的產業政策。我們必須以『異次元』的格局來規劃補助款，不能再因循以往。」

安倍的發言中出現了「異次元」一詞。自二〇一三年安倍政權第二次啟動、日本銀行總裁黑田東彥祭出大膽的金融寬鬆政策以來，「異次元」就成了流行語。之後，每當安倍企圖推動某個大計畫時，就偏好使用「異次元」一詞。

爾虞我詐的政黨盤算

「半導體戰略推進議員聯盟」不僅提出政策論述，也涉入了自民黨的內部政治鬥爭。

第二次安倍政權的政策運作核心人物是安倍晉三（Abe Shinzo）、麻生太郎（Aso Taro）、甘利明（Amari Akira），三人姓氏的日語發音首字母都是A，加上當時內閣官房長官菅義偉是S（Suga Yoshihide），因此被稱為「3A＋S」。3A聯盟攜手合作，就連自民黨內也傳出「三人聯手搶奪黨內主導權」的臆測。

二〇二一年秋天的自民黨總裁（＊黨主席）大選前，三人已明確表現出團結合作的意志（＊指在總裁選舉中支持候選人岸田文雄）。同年五月二十一日「半導體戰略推進議員聯盟」的成立大會上，麻生或許是感受到場內不安的氣氛，對媒體打迷糊仗，半開玩笑地說：

「A、A、A……大家（政治新聞記者）今天看到3A這個組合，可能都覺得是要發表有關政治局勢安排的談話，但我們今天要談的是半導體，抱歉讓大家的期待落空了。」

話雖這麼說，但主導「半導體戰略推進議員聯盟」的自民黨派閥（＊派閥是由自民黨議員組成的黨內集團），主要是安倍晉三所屬的最大勢力「細田派」，以及派閥排名第二的「麻生派」，幹事長二階俊博並未參加，因此黨內「排擠二階」的說法甚囂塵上，甚至傳出媒體把「二階」（二樓）代換成同義詞「2F」，戲稱為「3A對2F之戰」。

二〇二〇年九月的自民黨總裁選舉，二階俊博早早就表明支持菅義偉，製造簇擁菅義偉的風向，安倍帶領的細田派和麻生派卻比二階俊博慢了一步，黨內在內閣人事方面曾因此發生不滿。因此二〇二一年自民黨內部有耳語傳言，3A聯盟記取過往慘痛的教訓，比二階俊博更早採取行動。

先不論自民黨內部爾虞我詐政治盤算的耳語是真是假，同時期，日本經產省已經仔細推敲過半導體產業復甦的腳本。然而，只有深入討論政策不夠，要復甦日本半導體產業還必須藉助政治力量。因此，經產省和很早就對國家經濟安全抱持危機感的甘利明達成共識，先在自民黨內部的討論中煽風點火。

事實證明，在經產省官員的推波助瀾下，半導體的議題受到政治家關注而捲入政治漩渦。

對3A聯盟來說，「半導體戰略推進議員聯盟」無異是天外飛來一個讓他們團結合作的冠冕堂皇的理由。政治家想要掌握黨內主導權的意圖，正好與經產省推動半導體戰略上軌道的意圖不謀而合，「半導體戰略推進議員聯盟」因此順理成章地成立了。

中國虎視眈眈

正在遠處虎視眈眈的，就是中國。

與3A聯盟格格不入的二階俊博，是中國與自民黨關係最穩固的溝通管道。另一方面，安倍所屬的細田派相對保守、與台灣關係親近；甘利明討厭中國更是眾所周知。二階俊博與3A水火不容的關係，與中國、台灣間的對立極為近似。

經產省把中國視作威脅，是霞關（*日本中央行政中樞）各部門中，對中國採取特別強硬立場的機關。經產省與3A口徑一致，而二階俊博遠離決策核心，是中國最不樂見的腳本。

半導體戰略推進議員聯盟的成立宗旨當中，記載著「以日美為軸心，加強科技研發與保護供應鏈等領域的合作」，其中的關鍵字是「日美」。

拜登在二〇二一年二月，簽署了強化與同盟國合作建構半導體供應鏈的總統行政命令。四月在華盛頓召開的日美領導人會談，更與菅義偉共同聲明「日美將合作確保半導體等戰略性電子零組件供應鏈穩定」。日美在協議中特別提出半導體的唯一目的，就是要將中國排除在供應鏈之外。

若是3A在自民黨內部掌控主導權，日本的國家安全政策將加速往排除中國的方向前進，中國當然會對自民黨的動向提高警戒。

業界提建言書，大膽要求政府補助款

議員聯盟為了推動半導體發展，更在政府編列預算時推波助瀾。雖然列舉了記憶體晶片、邏輯半導體、功率半導體等優先發展領域，但最主要的目的是將補助款的規模、促進投資稅制、監管改革等具體對策加入二〇二二年度預算案及稅制修正大綱。

為了響應議員聯盟，日本電子資訊技術產業協會（JEITA）半導體部會，向經產省提出半導體策略的建言書，大膽要求補助款，直接表明「日本半導體產業的補助金規模，應比照主要競爭對手國或地區的補助」。大約有五十家與半導體相關的日本企業是該部會的成員。

這段建言的意思就是「給我們不輸給各國的補助金」。而所謂「主要競爭對手國或地區」，當然是指美國、中國及歐盟。歐盟被稱之為「地區」，是因為歐盟並非單一國家，而是各國的集合。

擔任該部會負責人的鎧俠控股（Kioxia）社長早坂伸夫曾公開表示：「半導體產業已展現為了整體社會做出更大貢獻的決心，為此敦請日本政府的支持。」這語氣聽起來像是懇求政府提供補助金，否則業界無法獨力支應這些資金。

世界各國政府不斷增加半導體產業的補助金是現實，日本政府應該拋開產業政策的利弊，加速對半導體產業的補助。

倒數最後一分鐘：就看財務省的魄力了！

甘利明成立半導體議員聯盟一個月後曾說：

「現在已是最後的關鍵時機了。」

他有一種強烈的危機感——政府再不採取行動，日本的半導體產業復甦無望。

「在數位資訊世紀，能在提高半導體性能競賽中致勝的國家，將掌控世界標準。如果一味依賴外國供應，必定面臨資訊外流的風險……」

據說甘利明在二〇二一年五月連假時寄出一封內文極長的郵件，向安倍、麻生疾呼組成半導體議員聯盟。安倍立即回覆：「我參加！」麻生也在隔天立即回信。麻生經常在派系聚會上談論半導體議題，所以他能馬上明白甘利明的目標是什麼。

就這樣，「必須強化日本的半導體產業，才能與中國競爭」的想法逐漸在自民黨內部成形。

政界與產業界同聲相應，而最後能否取得大規模的政府預算，取決於握有財政大權的財務省。目前日本僅有數百億日圓預算，遠遠不足以和挹注五兆日圓（約新台幣一兆五千億元）以上半導體補助金的美國或中國相抗衡。

這就可以理解在議員聯盟成立的記者會上，安倍會半開玩笑地表示：「有財務大臣在場，就意味著我們已經實現一半目標了。」

3 招攬台積電的預算與紅利

二〇二一年十月十四日，台北

台積電發表將首度在日本設廠，預定二〇二二年動工，二〇二四年進入量產。幾乎和美國亞利桑那州廠動工時間相同。當天晚上的記者會上，首相岸田文雄對此舉表示歡迎：「可望為日本的經濟安全保障帶來重大貢獻」，並宣布支持台積電這項總投資額達一兆日圓（當時約新台幣兩千五百億元）的政策。

在台積電做出決定之前，日本政府和台積電持續了近兩年的艱難談判。

二〇二〇年六月，日本經產省幹部正積極招攬台積電赴日設廠，而台積電表示暫時擱置考慮。

「我們還沒放棄。我們絕對不會強求台積電，正在盡最大的努力讓對方理解到日本設廠的利益。」

時間再往前回溯到二〇二〇年五月，川普政府和台灣當局公開了台積電至亞利桑那州設廠的計畫，日本在這次的招攬競爭中慢了美國一步。

台積電進退兩難，應該將哪種程度的技術帶到亞利桑那州？一旦交給美國最先進的技術，台廠的競爭力將會下降。亞利桑那工廠將於二〇二四年開始運轉，依照計畫台積電應以已開始量產的5奈米技術來生產。然而，台積電二〇二二年五月已開始更精細的3奈米製程，並更進一步把目標放在2奈米製程。

亞利桑那工廠啟動時，屆時所生產的可能已不是最先進技術，而是到處可見的晶片。因此日本仍有所期待，雖然招攬台積電被美國搶先一步，但是若能將更高階的技術移轉到日本，日本在地緣政治上更具優勢的可能性未必是零。最重要的是把最先進的技術引進日本。即使美國是日本的同盟國，但在招攬台積電這個計畫上卻是競爭對手。

日本政府為了國家安全，想獲取台積電的技術，應該怎麼做呢？

借鏡：美國招攬台積電的三大武器

美國總統大選開始升溫之際，經產省也捲土重來。在川普和拜登展開激烈角逐之際，美國政府的外交政策勢必有一段空窗期。

亞利桑那州是保守派的共和黨較占優勢，但亞利桑那州墨西哥裔的家庭相當多，強烈反彈川普祭出的「移民零容忍政策」。

當時川普陣營為了挽回頹勢，不惜砸下重金，對亞利桑那州提出經濟支援政策。首開先例挹注補助款給台積電，有一部分原因就是要藉此增加亞利桑那州的就業人口。川普要連任成功，絕不能在亞利桑那州栽跟頭。然而二〇二〇年的總統選舉，民主黨的拜登陣營依然險勝。

當時日本政府判斷，美國政府招攬台積電是為了強化經濟面的供應鏈，以及維護國家安全而引進高階技術，再加上川普個人的政治盤算，因此邀請台積電設廠的熱度才會這麼高。日本政府希望這只是一時的政治熱潮，大選過後終將逐漸退燒。

然而，日本判斷錯誤、期待破滅。勝選的拜登一樹立政權，立即祭出強而有力的半導體戰略，加速延攬台積電的動作。

美國是玩真的，日本經產省必須再次商討更妥善的對策。

美國招攬台積電時，使用了三大武器。

首先是巨額的補助款。美國政府為了補助半導體產業，編列超過五百二十億美元（約新台幣一兆五千億元）的預算。美國政府及國會在法案中低調地把外國企業列入補助對象，踩在WTO禁止政府扭曲自由貿易之補助的規定邊界。

同一時期，日本政府準備的預算並未超過五百億日圓（約新台幣一百一十億元），和美國差了兩位數，補助金額遠遠不及美國。

美國的第二個武器是國內市場。雖說市場不及中國，但美國的半導體需求占全球約四分之一。擁有龐大資料中心的GAFA等科技大廠、汽車業，以及委託台積電製造的強大無廠企業都在美國，且台積電的營業額有六成來自美國。

反觀日本的晶片需求大戶應該只限一部分汽車及電機業界，日本的市場規模完全無法與美國抗衡。

第三個武器也是最強大的武器，是中國對台灣的威脅。美國成為保護台灣抵禦中國軍事力量的堡壘，在經濟上的合作關係也更深遠。如果美國只作壁上觀，台灣很可能轉瞬間就被中國蠶食鯨吞。台灣當局與台積電不可能對美國的要求置之不理。

雖然從成本考量來看，赴美設廠對台積電而言並非上策，但政治力量遠比經濟力量強大，對美國政府的戒慎恐懼是決定設廠的關鍵。

日本政府對台灣的支援無法與美國相提並論，雖說台日關係友好，但台灣企業並沒有道義相挺日本政府的理由。與美國的競爭也讓日本政府處境更艱難。

二〇二一年五月三十一日

經產省公布台積電將與日本半導體原料及設備製造廠共同研發最先進半導體技術。率先發表消息的是經產省而非台積電，顯見經產省的積極度。

在此之前，台積電還決定在三月時成立「台積電日本3DIC研發中心」，預定在茨城縣筑波市的工業技術綜合研究所設置測試產線，據說將在政府的支持下開展3D立體堆疊封裝技術的研究。（*此研發中心已於二〇二二年六月二十日開幕。）

早在二〇一九年，以東京大學黑田忠廣教授為首的東大與台積電聯盟專案已經開始進行，日本與台積電在研發領域已建立了長久的合作關係，在日本生產可說理所當然。就如第三章台積電資深副總經理侯永清在訪談中說的，日本具有作為下一代產品研究基地的吸引力。

守住晶圓代工廠，才能守住世界第一

以3D立體堆疊封裝技術來說，日本研究機關是全球的領頭羊。為了立體堆疊電路以提高密度，在晶圓上蝕刻電路並裁切的「後端製程」是重要關鍵。在進行晶片封裝時，比如利用金屬細線連接裸晶與載板中的電路，以及利用環氧樹脂進行封膠（Molding）等，都需要結合材料與設備製造商的技術實力。日本擅長的「擦洗（Scrubbing）技術」也是能夠發揮創新能力的領域。

以材料來說，日本晶圓生產龍頭「信越化學工業」和「勝高」（SUMCO）就占了大約全球一半的市占率。或許很多人不知道，日本著名食品公司「味之素」生產半導體封裝工序中不可或缺的絕緣材料，幾乎囊括全球百分之百的市占率。台積電在選擇下一代製造技術的合作夥伴時，應當也需要借重日本優異的材料廠商的力量。

當然，日本即使現在仍是材料業界的強者，也絕不能掉以輕心。材料廠跟隨代工廠移動的案例相當多。比方說台積電在二〇一八年於中國南京設廠之際，台灣及日本的「跟風投資」急遽增加。包括中國的供應商在內，總計約一百家以上的廠商往南京設廠。

一旦台積電在亞利桑那州的工廠完成，想必也會帶動材料供應商在亞利桑那州設置生產據點，日本廠商自然也不例外。

日本晶圓製造商包辦世界第一、二名的地位未必能高枕無憂。因為排名第三的台灣環球晶（GlobalWafers）於二〇二〇年底發表，公開收購排名第四的德國世創電子（Siltronic），預計二〇二一年三月完成收購。兩家合併後營業額將超過SUMCO，躍居世界第二名（*環球晶併購案因未取得德國政府核准，於二〇二二年二月宣布破局）。

原料產業是反覆重組、後浪不斷推前浪的世界。隨著代工廠的動向變化，原料產業也會跟著不斷改變。正因為如此，經產省有必要把材料使用者台積電延攬到日本境內，如果銷售對象不在近旁，材料產業因為內需萎縮而將工廠轉移到國外，日本就更談不上半導體王國的復甦了。

以台積電為餌，釣出完整的供應鏈

二〇二一年六月，日本經產省官員表示：「石油的匱乏，不可避免地削弱了日本的地緣政治地位。生產半導體這種戰略物資的代工廠，就像一口現代油井。即使我們努力追求尖端技術，仍然需要花上一百年的時間才能使一家日本半導體企業成長，日本欠缺的物資只能從國外輸入，所以我認為對日本來說，台積電是否在日本設置工廠是存亡關鍵。」

他以快馬加鞭的速度花三個月時間制定出「半導體戰略」，顯示他對招攬台積電的計畫充滿熱情。

為了讓半導體產業復活，必須藉助外國企業的力量，這就是日本的現況。歷史是殘酷的，昔日曾經是半導體王國的日本，如今反而必須低頭請教曾經被打敗的台灣。

經過鍥而不捨的談判，台積電於二〇二一年十月十四日發表在日本設廠的方針。呼聲最高的建廠地點是生產SONY影像感測器晶片的熊本市。半導體大廠瑞薩電子、車用晶片需求量大的豐田汽車、電裝公司也可能會以某種形式參與計畫。

SONY的「CMOS影像感測器」（CIS, CMOS Image Sensor）半導體晶片，市占率為全球50%以上。其中智慧型手機的相機鏡頭，占總銷售額的八成，今後應用在電動汽車的需求應該也會增加吧？

SONY所採用的「雙層電晶體畫素」技術，是將「光電二極體」和「畫素電晶體」封裝在上下堆疊的不同基板上。其中，將光轉換成電子訊號的「光電二極體」是由SONY自行製造，但負責訊號處理的「畫素電晶體」則是外包。

如果台積電工廠離得近，SONY應該可以保留日本原有技術，同時又能進行高效生產。最重要的是，擁有幾乎壟斷世界市場的SONY影像感測器技術，將成為提升日本國家安全的決定性因素。下一個世代的關鍵要衝就在熊本市。

無論如何都希望台積電在日本設廠的原因就在這裡。

日本政府究竟補助台積電多少建廠費用？假設投資一兆日圓（約新台幣兩千兩百五十億元），分十年攤還來計算，一年為一千億日圓。若日本政府負擔一半，一年至少也需要五百億日圓（約新台幣一百一十億元）的預算。

然而台積電表示，他們預計並非十年，而是五至六年就要攤還建廠費用。這對日本政府的財政負擔非同小可。

經產省也期待台積電將攤還後的利益再挹注投資，增強在日本的生產力。若是工廠因此如雨後春筍般增加，或許就能以代工廠為核心，在日本建構出半導體生態系統。

成功邀請台積電設廠

二〇二一年六月十八日

在前首相菅義偉執政期間，日本政府在內閣會議上首次確定了「經濟財政營運與改革基本方針（簡稱骨太方針）」與「增長戰略」。

前者的內容聚焦於數位化及減碳等四個領域，並將半導體定位為戰略物資，日本政府明確提出集中投資以強化供應鏈的方針。

在「增長戰略」方面，則包括了從經濟安全保障角度招攬半導體製造基地，以及補助美國、台灣尖端廠商與日本企業合作的方向。

二〇二一年十月四日

就任首相的岸田文雄，在新組成的內閣新設「經濟安全保障擔當大臣」一職，指名向來以實際行動支持自民黨幹事長甘利明的小林鷹之任職。小林將從地緣政治角度，領導日本強化半導體供應鏈的措施。

岸田文雄在自民黨總裁選舉中，把制定《經濟安全保障推進法》列為競選承諾，並在二〇二二年提交例行國會審議。十月十四日台積電宣布赴日設廠當天，岸田文雄亦公開表示：「對台積電總額約一兆日圓（約台幣二千五百一十一億元）規模的大型投資等的支援，政府將納入經濟對策中。」

規模龐大的預算編列已扎下基礎，首相也向台積電發送了政府補助。與台灣的交涉成功，是經產省在政官界採取攻勢的另一個成果。

4 光電融合新突破

NTT微型光電晶體的誕生：速度更快、耗電更低的IOWN概念

NTT物性科學（*物理科學）基礎研究所資深特別研究員納富雅也教授內心交織著成就感與驚喜感的複雜心情，當時研究團隊中的某年輕成員驗證了結合光訊號與電子訊號的「光邏輯閘」技術，這是過去許許多多研究人員費盡苦心而無法成功的發明。

「這說不定完成了一個非常不得了的發明……」

二〇二〇年三月，納富雅也團隊發表一連串研究成果，震驚了學術界。帶領NTT研究開發部門的常務川添雄彥表示，這個光電融合元件是「一切的開端」。

研究團隊開發出「光電晶體」（或稱光電開關），這是像電流一樣具有傳輸功能的新技術。過去電子電路透過電流傳輸訊號，使用這個新技術，就能製造出以光子代替電子傳輸的超高速半導體。就像光纖速度比銅線快得多的原理一樣。

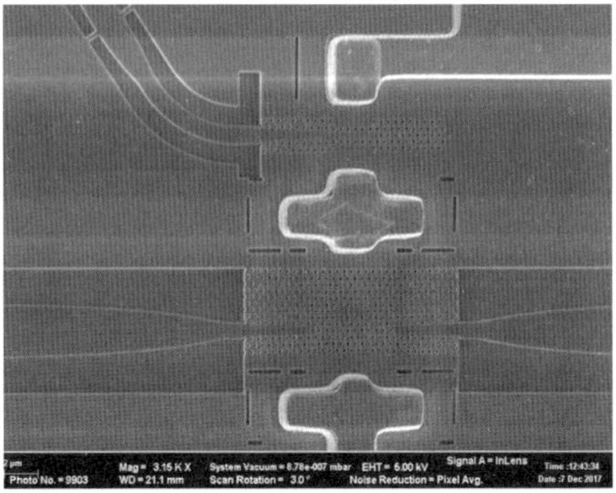

NTT 開發的微型光電晶體電子顯微鏡照片。（圖片由 NTT 提供）

NTT的創新光合無線網路（IOWN, Innovative Optical and Wireless Network）構想，就是這樣誕生。建構一個不是以電而是以光來處理資訊的世界，徹底改寫數位技術。在社長澤田純的指揮下，NTT的前身日本電信電話公社（NTTPC, Nippon Telegraph and Telephone Public Corporation）這艘巨艦再次啟航。

仔細想想，我們過去或許被電的概念束縛住了。

比方說因為一次數據傳輸量有限，需傳送較大圖像時，只能先壓縮檔案；又比如為了縮短電流傳輸的距離，便將極細微電路封裝到半導體晶片上……這些都是我們為了讓電腦運作更順暢，遷就電流傳輸而絞盡腦汁想出的方法。但這豈不是本末倒置嗎？

常務川添雄彥常以棲息海中的蝦蛄的視覺來比喻。人類的眼睛只有對紅、綠、藍三原色有反應，透過大腦將這三色合成而能識別各種色彩。但俗稱「蝦蛄」的螳螂蝦，則擁有能識別十二種波長的感光細胞。

蝦蛄從眼睛獲得的資訊量遠比人類多得多，蝦蛄的大腦功能則相對單純多了。人類大腦因為忙著處理資訊，有時甚至會用腦過度，甚至當機。蝦蛄的生活沒那麼多煩惱，反而能比人類看到更豐富的景色。

蝦蛄不需要用腦思考艱難的事，因此大腦處理訊息不會延遲。身體對十二種顏色直接反應，而能快速捕獲獵物。

在此獵食機制下，蝦蛄歷經生存競爭後，擁有生物界最強的視覺能力。

但人類的生存價值並不是只追求獵食。

過去的數位技術，是建立在只留下必要資訊，其他資訊予以省略的前提。發展光電融合技術，將能開拓出一條完全類比自然界生物捕捉資訊的道路。

光靠電力無法達成的高速、大容量、節能的數位社會將不再是夢想，甚至因而創造出新的價值都是有可能的。

光技術原本就是NTT電信公司的強項，傳統觀念上一直是光負責通訊傳輸，而電負責資訊處理的分工思維。然而，今後或許會因光電融合技術而打破這個分界。

首先，在電腦線路配置光電融合模組（電子訊號與光訊號能交替轉換的小型化元件），讓資訊快速傳輸到半導體晶片的入口及出口。

再隨著微型光電晶體的發明，光可以封閉在晶片內部，取代電子快速傳輸訊號。

NTT設定在二〇三〇年實現目標。在這之前，運用光電融合技術先提供部分產品及服務，向世人揭示光的世界並非紙上談兵。身為一間公司，不僅要在研究開發取得成果、展現遠大的社會願景，還必須創造獲利模式。

經營管理層決定展開作戰行動。二〇二〇年六月NTT出資入股電腦系統整合服務商「日本電氣」（NEC），成為該公司第三大股東；二〇二一年四月透過子公司和富士通結盟合作。原本經營通訊事業的NTT，跨足商品製造領域，結合實體產品與服務的布局。二〇二〇年九月NTT公布，挹注四兆三千億日圓（當時約新台幣一兆元）將NTT DOCOMO，納為全資子公司，穩固收益的基盤。

社長澤田純說「GAFA是對手」，指的並非在規模上與GAFA競爭，而是將遊戲規則由電轉換為光的布局。真正的用意在於從本質改變由GAFA主導的數據社會。

若日本成為全世界唯一有能力生產光電融合元件的國家，日本就會成為半導體價值鏈上的新要衝。NTT的技術具有重新繪製地緣政治版圖的潛力。

因此，為了日本的國家安全，日本國內必須有工廠，這正是ＮＴＴ與富士通大廠合作的原因。

打破網路基本結構，民主不該有牆

光電融合技術不僅僅能創造新的半導體晶片，甚至還會使網路結構本身產生改變。誰創造了網路，由誰經營？毫無疑問，我們將網際網路當作基礎設施，但實際上它已瀕臨技術極限。

現在的網路結構是將每個資訊終端分配一個「ＩＰ位址」，當作地址或收件人的名牌。最初是美國國防部於一九八〇年代開發的軍事技術，當時物理通訊的限制極大。

但地址的數量畢竟有限，就如同拼布般，之後再設法維持運作，但如果數據流通量繼續爆發性成長，遲早會在通道中的某處塞車。

拜網路之賜，人們能夠跨越國境自由交換訊息，但現在恰恰相反，網路本身有其極限。任何人都能公平地享受資訊化的好處，在技術上體現自由與民主。但今後誰有權分配ＩＰ位址，誰就掌控了權力，公平性將會下降，甚至可能成為阻撓民主主義的一道牆。在無形的網際網路背後，還有如此可怕的一面。

若是將傳輸量提高一百二十五倍、耗電只需百分之一為目標的ＩＯＷＮ概念運用在真實世界中，或許就能打破美國建構的網際網路架構。納富雅也的研究團隊耗費十幾年所打造的光電融合元件，就潛藏著如此大的破壞力。

NTT在二〇一九年十月啟動「IOWN全球論壇」，與世界各國的數位企業合作，並在美國德拉瓦州登記為法人。這是因為光靠NTT一家公司，無法促使網際網路產生變革；想要翻轉世界，一定得先從尋找同伴開始。在日本，先加入的友軍是SONY。來自美國的核心夥伴則是英特爾，而後微軟、戴爾等主要數位企業也陸續加入。截至二〇二一年秋天，參加的企業和組織約有七十家，但中國企業不在其中。（*台灣已知參與業者與組織有：中華電信、台達電、緯創、工研院、光電科技工業協進會。）

在美國註冊法人的目的是促進夥伴關係，同時也能受到美國法律的保護，還能避開中國。因為根據日本現行法律，若中國企業想加入，NTT無法拒絕。

NTT光電融合元件既是IOWN概念的基礎，也是關乎日本國家安全的戰略性機密技術，目前NTT是全世界唯一一家可以製造這種元件的公司。日本能藉此撼動全世界嗎？

為了實現光訊號的世界，必須籌措好幾兆日圓的開發資金，並取得網際網路始祖美國的同意和參與。隨著計劃的發展推進，終將因技術變革而引發國際政治的變局。

而要跨越的這道牆究竟有多高，目前還難以衡量。

專欄

日本的「最後堡壘」：功率半導體

一如字面上的意義，Power semiconductor（功率半導體）是和Power（電源、電力）相關的元件，負責將高壓電流匯入電子設備，和進行運算的邏輯半導體、負責儲存的記憶半導體，並列為三大半導體領域。

日本的半導體產業雖然低迷，但功率半導體領域仍有三菱電機、富士電機、東芝、瑞薩電子、羅姆等公司表現亮麗，可說是日本半導體的「最後堡壘」，期待能成為產業重建的支柱。

功率半導體是電源和電路控制的核心，主要功能包括整流、變頻、變壓、電力控制與轉換、電源管理等，幾乎所有電子產品都需要用到。和記憶半導體相比，功率半導體的尺寸大了一大截，有些甚至像便當盒那麼大。功率半導體的應用範圍非常廣泛，最典型的例子是汽車。

而汽車產業中就有日本企業的商機。未來若是電動車成為主流，功率半導體的需求必然大幅成長。雖然日本把半導體大國的地位拱手讓給韓國、台灣，但汽車業仍穩居亞洲的王者寶座。日本國內的車載晶片需求，應當有利於功率半導體製造商的發展。

二〇二〇年全球功率半導體的市場規模還不到三兆日圓（當時約新台幣七千億元），但預測在二〇三〇年將會增加到四兆日圓（約新台幣九千億元）以上。從企業市占率來看，目前占首位的是德國的英飛凌科技（Infineon Technology），第二名是美國的安森美半導體（ON Semiconductor）。另外，總部位於瑞士的意法半導體（STMicroelectronics）也不能小覷。日本企業的競爭對手可說是不勝枚舉。

不過，如果從所謂的「第三類半導體」（亦稱「第三代半導體」）的市占率來看，日本企業的占比就很高。第三類功率半導體使用的材料不是單晶矽，而是碳化矽（SiC）、氮化鎵（GaN）等這類化合物。

這些材料使電子的移動速度更快，使晶片得以高速運行。由於特斯拉電動車近年來開始採用這種高效率的化合物車載晶片，因此關注度迅速提高。雷諾汽車也在二〇二一年六月發表和意法半導體合作，預定從二〇二六年開始量產。

雖然目前的製造成本還很高，但全球的半導體廠商已開始競相投資：日本方面，美蓓亞三美（Minebea Mitsumi）在二〇二一年六月發表購併歐姆龍的功率半導體廠、住友電工（Sumitomo Electric）同年九月開始在美國量產；中國企業蓬勃的設備投資也頗受注目。

第三類功率半導體的廠商，想必也會受量產電動車的汽車商吸引，來選擇生產據點，日本的半導體廠商自然也不例外。美國、德國和中國都有吸引力，而日本的電動車發展會如何呢？

中國國務院於二〇一五年公布實施的「製造強國」策略綱領、堪稱中國產業政策大全的《中國製造二〇二五》當中，提出強化功率半導體的目標，尤其將碳化矽晶圓與晶片開發列為重點發展方向。到二〇二一年，至少有十家公司開始量產在碳化矽基板上形成高品質薄膜沉積的「磊晶晶圓」（也稱外延片，Epitaxy Wafer）。來自中國設備製造商的採購，以及從日本進口二手設備的資本投資，都十分引人注目。銷售對象似乎仍以汽車領域為大宗。

從國家安全的觀點來看，當然希望日本能成為第三類功率半導體的生產基地。儘管日本企業的技術開發已有不錯的進展，但與對手的競爭仍日趨激烈。

隨著電動車的普及，以及半導體的使用領域日漸廣泛，功率半導體作為戰略物資的價值也愈來愈高。世界各國政府皆已開始採取行動，日本的「最後堡壘」也未必永遠牢不可破。

第七章

隱藏的主角

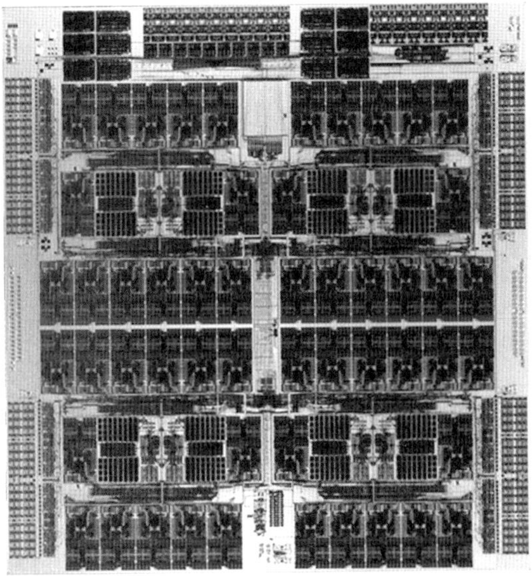

超級電腦「富岳」採用的「A64FX」半導體晶片。（圖片由富士通提供）

接下來，我們再繼續深入探討與日本國力息息相關的半導體技術。左右網路空間中各國勢力的戰略物資，隱藏在出乎意料之外的地方。

1 威騰電子的深謀遠慮

全球最成功的合資企業

「我們和鎧俠歷經二十年的合作關係，雙方的合資事業絕對是全球最成功的案例。」美國威騰電子（WD, Western Digital）執行長格克勒（David Goeckeler）在專訪一開始，就滔滔不絕地表示。

「我們將共同挹注巨資、累積經驗，並栽培工程師。集結這樣的專業知識，必定可以誕生撼動全球的關鍵技術革新。」

格克勒所謂的關鍵技術，指的是稱為「NAND快閃記憶體」的半導體元件。鎧俠（Kioxia）舊稱「東芝記憶體」，是日本最大的NAND快閃記憶體廠商。

另一方面，威騰也是記憶體廠的巨擘，創始於美國IT產業蓬勃發展期的一九七〇年，總公司在加州矽谷。早期靠著生產硬碟而成長，二〇一六年收購記憶體設備大廠晟碟（SunDisk）後，才正式加入半導體世界的參戰行列。

格克勒是在二〇二〇年三月受邀擔任美國威騰電子執行長，之前曾任職全球最大網路設備廠「思科系統」（Cisco Systems）資深副總裁，統籌該公司的網路和資安事業部。思科系統的總部也位在矽谷。格克勒在矽谷有長年經驗，在美國ＩＴ產業頗有聲望。

我們隔著太平洋進行遠距訪談，是在格克勒轉任威騰電子超過一年後的二〇二一年五月。

「威騰電子及鎧俠的合資事業至今已投資超過三百五十億美元（約新台幣一兆元），在日本四日市及北上市共同設立工廠。我們在全球ＮＡＮＤ晶片的市占總和目前僅次於韓國三星，有望成為全球第一。」

他講話的速度逐漸加快，顯示出滿滿的熱情。

威騰電子執行長格克勒（David Goeckeler）。
（圖片由威騰電子提供）

美國企業想傳達給日本的訊息

格克勒是在二〇二一年四月提出單獨受訪的邀約，由我一位曾任國會助理且熟悉華府政界的老友居間引介。因為是格克勒主動提起訪談一事，顯然是希望透過日本媒體傳達某些訊息。

剛好這段時期，到處都有美國半導體廠商要併購日本鎧俠的風聲。鎧俠原本預計二〇二〇年要在東京證券交易所上市，但傳出計畫延到二〇二一年秋天後，便始終悄無聲息。格克勒想傳達給日本的訊息，顯然是威騰電子有意收購鎧俠。

電話一接通，格克勒以親切的口吻說：「叫我大衛就好了。」究竟是加州作風討厭拘謹客套？還是他想塑造彼此坦誠以對的氣氛呢？不論是哪一種情況，格克勒確實讓人「頗有好感」。

即使如此，我身為日本的財經記者，還是有絕對要問清楚的事項。我開門見山地詢問威騰電子收購鎧俠一事的真假。

「請問威騰電子是否考慮收購鎧俠？與鎧俠股東正在進行交涉嗎？若是要發展合作關係，會採取何種方式？威騰電子是否可能與美光科技（Micron Technology, Inc.）等第三方半導體廠商聯手，與鎧俠進行企業整併？」

儘管我想方設法提出各種問題，但格克勒始終堅持「我無法透露有關M&A（mergers and acquisitions，併購）的策略」。我不禁大失所望，因為他在訪談一開始就表示：「今天你想問什麼都儘管問。」

併購案的真正目標是？

其實仔細想一想，格克勒三緘其口也是合情合理。身為經營者，格克勒沒理由在這時滔滔不絕地公開正在水面下保密進行的企業併購案，即使已在進行收購，威騰電子仍需基於法令遵從守密義務。重要的問題反倒是：為什麼格克勒挑選這個時機，主動提出要接受日本記者的採訪呢？

我和格克勒進行了大約四十分鐘的對談，整場對談中他幾乎都在說明當前階段威騰與鎧俠合作關係的重要性。

「兩家公司聯手合作的價值難以估算。」

「我和鎧俠社長早坂伸夫幾乎每週都透過ZOOM談話，建立了穩固的信任關係。」

「不光是經營階層，我們兩家的技術人員都在工作上並肩合作。」

「我相信合資事業今後也將永遠持續下去。」

雖然我還想請教他很多問題，例如美中對立造成的影響、如何預估未來半導體需求等，但話題始終繞著同一主題在原地打轉。格克勒對於併購話題一再重複無法奉告，但完全沒有忘記強調威騰與鎧俠間的穩固關係。

記者在採訪或參加記者會時，必須要能解讀重要人物的發言背後的真意。因為企業經營者或政治家在面對媒體時，難免遇到礙於種種限制無法說出口，卻希望記者能體察真心話的情況——也就是「我目前無法親口說出，但希望你們能體察我的言外之意」。

我猜想格克勒的情況，可能就是這種典型。若是面對面的訪談，採訪者與受訪者之間會形成一種默契，有時經由受訪者的微妙表情或動作等細節，我就能乍然明白對方的言外之意。但像這樣的線上採訪就沒辦法了，我只能慎重地從字裡行間去解讀，他究竟想告訴我什麼。我不禁痛恨新冠肺炎。

背後是美國的國家意志

鎧俠是東芝（Toshiba）在經營不振的情況下出售的半導體部門。原名為東芝記憶體，於二〇一九年更名為鎧俠。公司名稱「Kioxia」是日文的「記憶（kioku）」和希臘文中的「價值（axia）」兩個詞彙組合而成。宣傳標語是「透過『記憶』讓世界更有趣」。

半導體曾是綜合電機製造商東芝最具潛在價值的部門，二〇一七年從東芝切割出來時，東芝半導體部門的營業額在全球半導體市場中排名第八名。

然而，東芝經營階層迫於資金困窘，不得不放手最賺錢的半導體事業。東芝失去了過去的光環，鎧俠更常在描述東芝於半導體產業中挫敗時被提起。

有「禿鷲基金」（*Vulture Hedge Fund，指買賣破產倒閉公司股權、債權、資產而獲利的私募基金）之稱的美國私募基金，以及韓國、台灣的半導體廠商，都因為企圖收購鎧俠而和日本經產省（*「經濟產業省」簡稱，相當於經濟部）激烈交鋒，場景宛如一群猛獸虎視眈眈圍攻衰弱的獵物那般。

二〇一八年，威騰在這場圍剿中敗下陣來，舊東芝記憶體落到美國基金與韓國陣營手中，然而，威騰與舊東芝記憶體雙方仍維繫著合作關係。

原本應當從收購舞台中央退場的舊東芝記憶體，於二〇二一年再次受到外國企業灼熱的注視。弱肉強食的連續劇會再度上演嗎？

格克勒在訪談最後留下的一句話，令我印象深刻。

「威騰與鎧俠的合作無比重要，我很期待我們能共同開創未來。」

共同開創未來？原來如此，簡單說就是威騰希望加深和鎧俠的關係，以擁有日本的技術。

格克勒數次提到「日美同盟」。從他字裡行間背後，我能感受到其中潛藏著美國的國家意志。原來美國覬覦的，是日本的技術。

鎧俠的三大價值

為什麼全球的半導體大廠會被鎧俠吸引而來呢？其中有三大理由。

第一個理由，半導體是「規模巨大的產業」。建設一家工廠必須投資上兆日圓（超過新台幣兩千億元），很難由一家企業單獨承擔。要擴大規模，與業界其他公司合資經營是最快的捷徑。

根據格克勒的說法，「半導體廠商是國際化企業，向世界各地販售大量產品，再把從世界各地賺來的資金投資在設備上，一再重複這個循環流程。這種再投資循環是半導體事業的基礎，如何建立順暢無阻的循環是成功的關鍵。半導體廠商若希望資金能持續運籌帷幄，擁有巨大的企業規模是絕對必要的條件。」

在NAND快閃記憶體全球市場中，鎧俠的市占率僅次於三星電子，位居第二名。正因如此，威騰若不和鎧俠合資，追求更大的規模，將很難在市場上存活下來。

第二個理由，是鎧俠的技術能力。鮮有人知NAND快閃記憶體是日本東芝的發明。

一九八〇年代，以反骨精神聞名的舛岡富士雄（Masuoka Fujio）在東芝帶領大約十人左右的團隊開發NAND快閃記憶體，當時東芝內部多數人對於新型記憶體半信半疑，但個人風格強烈的舛岡，完全展現出他的狂妄性格，排除反對聲浪，持續進行研發。

改變世界的技術革新發生之後，往往會有戲劇性發展，舛岡後來和東芝竟因為發明成果的歸屬問題鬧翻，在法庭反覆訴訟。

當時，東芝工程師就已經跑在記憶體技術的最前端，現在更是全球都不能忽視的存在。鎧俠的技術團隊，血液裡都流著東芝榮光時期的DNA。

鎧俠之所以重要的第三個理由，是NAND快閃記憶體的市場增長潛力。根據研調機構IC Insights二〇二一年五月的預測，全球記憶體市場在二〇二二年總營業額將會比前一年增加16%，達到一千八百〇四億美元（約新台幣五兆四千億元），可望改寫上一次歷史新高（二〇一八年）一千六百三十三億美元（約新台幣四兆九千億元）。

此外，IC Insights預測二〇二三年記憶體產值將成長至將近兩千兩百億美元（約新台幣六兆六千億元）。從二〇二〇年到二〇二五年，整個記憶體市場將以10.6%的平均成長率增長，兩位數的成長率至少會延續到二〇二五年為止。

記憶體市場成長率快速增長的其中一個原因，是資料中心的伺服器需求擴大。Google或Amazon等數位產業巨擘，為了儲存呈級數增加的資訊量，接二連三建設資料中心，因此建構伺服器的ＮＡＮＤ快閃記憶體需求必定會隨之成長。

用一場收購案，維護日美國家安全

威騰執行長格克勒說：「威騰與鎧俠的市占率總和將能成為世界第一。」姑且不論他的預測是否正確，從規模、技術能力、成長性這三個面向來看，鎧俠的確具有商業價值。鎧俠並不是半導體產業衰退的象徵，從另一個角度來看，鎧俠或許能成為帶領半導體產業復甦的幕後功臣。

鎧俠需要上兆日圓來維持研究開發與設備投資，誰能扛起這樣的鉅額資金呢？有意收購鎧俠的企業不只有威騰，二〇二一年秋天，業界也在流傳美國美光科技有意收購。

鎧俠的兩座「前端製程」晶圓廠設在三重縣四日市及岩手縣北上市。威騰的「後端製程」工廠則設在馬來西亞檳城及中國上海。目前兩家公司的「前端製程」與「後端製程」還沒有合作關係。

日本與馬來西亞的製程若能夠結合，日美企業就能形成「安全的供應鏈」。據說威騰在重新審視將中國納入供應鏈所產生的風險之後，正逐漸將上海工廠的產能轉移到檳城。

而鎧俠的重要股東韓國ＳＫ海力士，也是威脅日本國家安全的來源，因為日本政府不能完全信任與中國關係深厚的韓國企業。

威騰執行長格克勒之所以數次提到「日美同盟」，正因為他認為若是威騰和鎧俠能夠團結一心，排除其他國家的股東，就能透過半導體達成日美的國家安全保障。

鎧俠為了長久經營，除了與國際化的半導體廠建立合資關係，同時也試圖透過上市募資來尋求出路。美韓廠商、投資基金、日本政府之間錯綜複雜的混戰或許仍將持續下去（*威騰對鎧俠的併購案截至本書出版時間，談判仍卡關）。

2

「富岳」晶片：日本的戰略武器？

全球第一的專用晶片

日本的技術優勢不僅限於記憶體，在運算速度已達極限的邏輯半導體方面，也交出集技術精華於一身的傑出成績單。

二〇二〇年六月二十八日。日本文部科學省（*相當於教育部、文化部、國科會的總和）管轄的理化學研究所（簡稱理研）和富士通共同開發的超級電腦「富岳」，運算速度全球居冠，迎頭趕上美國與中國的對手，連續三年奪得第一（*二〇二二年富岳被美國橡樹嶺國家實驗室與超微半導體公司合作推出的超級電腦「Frontier」擊敗，排名跌落至第二）。

「富岳（Fugaku）」是超級電腦「京（Kei）」退役的後繼機種，從二〇一四年開始約投入一千三百億日圓（當時約新台幣三百六十三億元）進行研發。在日本民主黨執政的時代，參議院議員蓮舫嚴加批判國家投入巨額公帑，曾在國會提出：「難道不能當第二名嗎？」並要求中止研發計畫。

理研所長松本紘（Matsuoka Satoshi）在記者會上表示：「富岳現階段還未發揮100%的性能。我認為富岳站在世界第一的期間會相當長。」

松本紘展現出不會輕易讓出冠軍寶座的自信。只要運算更加熟練，「富岳」的速度就會愈快。

讓「富岳」贏得勝利的功臣，是稱為「A64FX」的富士通中央處理器（CPU）。

「A64FX」集結所有超高速運算所需的功能於一身，既能抑制電力消耗，處理速度又能達到「京」的四倍，功能比美製晶片高出三倍。理研的研究人員帶著自豪的表情表示，「富士通為我們製造出全球頂尖的晶片。」

松本紘說明了投資巨額費用在專用晶片上的必要性，「如果是購買市售的CPU來製造超級電腦的話，機器的電力、規模、金額可能都會膨脹到三倍，因此我認為自行開發晶片有很大的意義。」

研發超級電腦的成本效益

研發超級電腦確實很燒錢。即使是國家輔助的計畫，被指名研發的企業至少也得花一、兩百億日圓（約新台幣二十二億至四十五億元），甚至負擔更多。

富士通表示「研發人數是最高機密」，沒有說明詳情。但投入的工程師據說至少超過百人，若是不小心，公司財務肯定會出現危機。

技術能力與富士通不相上下的日本電氣株式會社（NEC）和日立公司（Hitachi），並未參與「富岳」計畫，二〇〇九年就從超級電腦的研發領域撤退。技術發展上的困難自然不用說，這應當也是考量財務狀後的決定吧。

NEC和日立財務負責人內心或許反而因此鬆了一口氣。如果只從損益表上的數字來判斷，研發超級電腦是用算盤怎麼打都不划算的生意。

以汽車競賽的一級方程式賽車（F1）來比喻就很明白易懂。雖然得到第一名能夠揚名全世界，但企業先要覺悟到需要花費驚人的開發費用及時間。代表日本參加賽事的本田汽車（HONDA），光是引擎的研發費用，一年就投入了超過一千億日圓（約新台幣兩百多億元）。

汽車業龍頭的豐田（TOYOTA）並未參加F1賽事，德國福斯汽車態度也很消極，並不是因為技術能力不夠，而是優先考量成本效益。

承擔巨額成本的本田汽車於二〇二〇年十月宣布，將在賽季後全面退出F1賽事。雖然讓向來支持的粉絲感到遺憾，但本田隊伍在宣布退出賽事的隔年（二〇二一年六月）達成睽違三十年的四連勝成績，宛如為最後的退場施放了一場美麗煙火。

企業可以在評估自身風險後，自由選擇加入或退出F1。但對於政府所主導的研究開發案，企業的自主性則變得模糊曖昧。企業雖然可選擇是否加入國家計畫，卻無法中途退出。

第五世代電腦的挫敗

提到數位領域的國家計畫，就不免讓人想起一九八二年起日本投入約十年的「第五代電腦」研發計畫。

當時從事電腦事業的八家公司——日立、富士通、NEC、三菱電機、東芝、沖電氣工業、松下電器、夏普，都被通產省（*日本「通商產業省」，簡稱MITI，曾為日本經濟重要推手，是現今「經濟產業省」前身，相當於經濟部）召集參與「新世代電腦科技研究所」（ICOT, Insitute for New Generation Computer Technology），這是產業、政府與學界合作，開發新世代軟硬體的一大構想。

當時的日本非常渴望取得「第一」。一九八二年日立及三菱的員工因為涉嫌非法竊取IBM商業機密，遭美國聯邦調查局（FBI）逮捕，基於這起產業間諜案的教訓，日本政府夢想創造一台日本電腦，而不是一味模仿美國企業。

日本要以完全本地製造來開拓電腦產業的未來，這股彷彿奧運時為日本選手加油般的高亢興奮感，連沒看過電腦的人都對「第五代電腦」計畫充滿期待。

然而，日本政府卻沒有交出亮麗的成績單，研發出來的系統幾乎沒有任何實用功能，甚至被人稱為「國家計畫的失敗作」。

我還記得計畫確定無疾而終而召開的記者會上，有記者詢問：「第五代電腦在哪裡？」政府的負責人回答：「我沒辦法以肉眼看得見的形式告訴你『這就是第五代電腦』，但我們獲得了科學技術的新發現及培養人才等無形的成果，達到了最初的目的。」

這樣的回答社會大眾當然不買單，大家想看到的，是威風凜凜出現在眼前、象徵日本的電腦實體。提問的記者語帶諷刺地回應：「真是虛無縹緲的電腦呢！」

現在，富士通為了富岳而開發的「A64FX」晶片，不是曇花一現的煙火，也不是虛無縹緲的雲煙。研究人員讚嘆「世界頂尖」的晶片，是實體的產品。然而，如果這顆晶片只對理研銷售，「A64FX」就很可能成為富士通的一陣過往雲煙。

富士通接下來的使命是運用「A64FX」獲利，不能讓當時逃避挑戰、對超級電腦研發計畫袖手旁觀的對手企業內心鬆了一口氣想著「還好沒有浪費資金」。如果富士通失敗了，日本半導體產業的未來將會十分暗淡。

內含八十七億個電晶體的精密晶片

本章章名頁的圖片是顯微鏡下的「A64FX」內部結構，十分美麗。約兩公分見方的晶片上，整齊地內建了五十二個「核心（Core）」。據說若以半導體最小電子元件電晶體（Transistor）為單位來計算，一顆「A64FX」晶片，內含大約高達八十七億個電晶體。

為了達到超高速運算功能，工程師必須竭盡可能縮短核心與記憶體間的訊號交換時間。「A64FX」的五十二個核心分為四組，亦即每組十三個核心。

這十三個核心當中，有十二個負責實際運算，另一個稱為「輔助核心」，負責與外部的通訊及管理，功能就如同由一個助手協助團隊讓整體工作順暢進行。晶片外觀如此整齊美觀，就是因為這些核心與記憶體是以最短距離配置，毫不浪費一絲一毫空間。

我請教帶領團隊的吉田利雄（Yoshida Toshio）談一談歷時約七年，有關研發過程的辛勞。

「『富岳』作為曾寫下世界最快記錄的超級電腦『京』的後繼機種，我們一定要達成前所未有的高性能。而且『富岳』的目標是成為對社會有貢獻的電腦，除了具備高性能，應用範圍也必須更寬廣，兼顧大眾需求。說得極端一點，這個艱難任務，就像要求工程師製造一顆晶片，讓在智慧型手機上運作的APP也能在超級電腦『富岳』上順暢運作。」

吉田的團隊為了讓晶片應用範圍更廣泛，採用幾乎是全球智慧型手機都在使用的英國安謀ARM架構。我在第五章曾經介紹，安謀是一家銷售電路架構專利權的無廠企業。眾所皆知孫正義領導的軟銀集團於二〇一六年以三百二十億美元（當時約新台幣九千二百億元）收購安謀。

在達到普遍運用的大目標下，我可以從吉田「不得不選擇ARM架構」這句話中，預想到他的團隊對究竟要採用ARM架構，或是使用其他架構來設計晶片，必定曾有一番爭執。

吉田的團隊為了開始具體的晶片設計作業，必定要與安謀公司一一比對細節，他多次親自走訪劍橋安謀總部，經過無數次的視訊會議及電子郵件往返溝通協調。據說，若把規範電路中訊號流動的規則架構圖印出來，紙張會多達數千頁。

「晶片設計的知識是我們的智慧財產，而安謀也和全球其他許多半導體企業合作，因此我們不可能完全攤開手中握有的一切給安謀看。包括『A64FX』核心（Core）的數量、消耗電力等極為基礎的資訊，我們當時都沒有透露給安謀。」

哪些可以分享？哪些必須保密？

富士通雖然需要安謀的協力，但哪些資訊必須分享？哪些必須保密？這兩家公司之間並沒有主從關係。嚴格來說，富士通是安謀的顧客，因為富士通購買了安謀的專利使用權。

然而，安謀所處的位置離市場很遠，安謀方面也希望獲取富士通的知識。即使安謀位於供應鏈最上游，他們也無法靠單打獨鬥支配供應鏈。

富士通謹守不該說的祕密，凝聚研發工程師智慧而形成的結晶「A64FX」，或許將能成為只有日本才有的戰略物資，但先決條件是不能只有日本的理研想要這顆晶片，富士通必須在世界各國找到其他需求對象。

我向富士通提出訪談邀約時，並不是想要了解「A64FX」的運作細節，畢竟只有資訊科技或電子工學出身背景的專家，才能徹底理解CPU的結構。不過，我還是想跟研發出全球最快速晶片的人實際會個面。

除了吉田，我還跟開發晶片封裝技術的水谷康志，以及負責邏輯設計的高木紀子三人碰面，他們是擁有頂尖日本半導體技術的工程師，採訪前我以為會是高傲、對人愛理不理的一群人，稍微有點緊張。我說句不怕誤會的話，日本隨便一家製造廠的一般工程師就是給人這種印象。

他們是研發出全球第一成果的人，即使以此自豪也並無可議，然而他們三人對於我這樣的門外漢提問卻絲毫沒有露出不耐煩的神情，反而慎選言詞仔細地為我說明。說實話，技術層面的內容我並沒有完全消化，但我明白了富士通的團隊多麼腳踏實地懇切面對他們的工作。

他們應當在這個世界獲得更多關注才對。說實話，他們獲得的注目太少了。

大眾普遍認為日本半導體產業的優勢在記憶體領域，CPU等邏輯領域則較弱，但事實不應該是這樣。這些人應當有資格成為主角不是嗎？

新型冠狀病毒分子結構的解析、新藥開發、高準確度的氣象預測、飛機及汽車的設計……想要製作出這樣能應用廣泛又性能強大的晶片絕不容易，但我認為富士通晶片能應用的範圍，今後應當能更無限擴大。

我出於好奇，請教了負責「A64FX」邏輯設計的高木紀子。

「研發工程師長時間沉浸在研究奈米的世界，是否對於改變社會這類的事情不感興趣？」

她露出一臉意外的神情回答：

「我很有興趣耶。我從學生時期就一直希望能以半導體改變社會。」

我似乎從她的回答中，看到未來的半導體產業樣貌。

3 自動駕駛汽車的真相

專注高階晶片技術的商業模式

索思未來科技（Socionext）是二〇一五年整併富士通和Panasonic半導體部門而成立的企業。這是一家專注於客製化開發、設計高階晶片，未上市的無廠半導體公司。

設計工程師人數約兩千人，負責開發邏輯半導體，據點分布於橫濱、京都、矽谷、底特律、慕尼黑、法蘭克福、倫敦市郊等地。能設計7奈米、5奈米、3奈米等極精細電路，是日本少數的晶片設計專業集團。

鮮少人知道，近年問世的電動車就是搭載該公司的晶片。不需要人為操作的新世代汽車，也稱為「無人車」。若是沒有索思未來科技的晶片，無人車就無法啟動。

他們擁有能結合虛擬實境（VR, Virtual Reality）與擴增實境（AR, Augmented Reality）產品的技術。然而，這些極具革命意義的創新產品，很難從外部一窺究竟。

索思未來科技的技術陣容相當龐大，卻鮮少人聽過這家公司，因為他們主要專注於由特定企業單獨委託、為了特定用途而開發的晶片。索思未來科技的半導體是客製化產品，不能挪給其他顧客使用，晶片上也沒有註記公司名稱。

我們可以從這種專注高階晶片技術的商業模式裡，發現企業未來在半導體產業中存活的線索。究竟在複雜多工，而且日新月異的半導體供應鏈中，企業該掌控哪個位置？能夠鎖定精確座標，了解自己該坐上哪個位置的半導體企業，才能在激烈競爭中存活下來，不是嗎？

是大象還是兔子？種類複雜的晶片

為了更認識索思的商業模式，我們首先想一想半導體作為商品的特性是什麼。一般提到半導體時，指的是有著密密麻麻電路的晶片，但半導體其實是一種物質的名稱。

絕對導電的金屬等物質稱為「導體」；橡膠、塑膠等完全不導電的物質稱為「絕緣體」；而介於中間、可以通過部分電流的物質，就稱為「半導體」。

「半導體」是晶片的結構基礎。晶片有許多種類，功能與技術差異相當大，大致來說有儲存數據的記憶半導體、使用數據進行運算的邏輯半導體，以及用在驅動裝置的功率半導體等。除了都是以「半導體」為材料以外，我們應該把這些晶片都視為完全不同的產品。

更進一步細分，記憶半導體還可以分為前面出現過的NAND型或DRAM型等多種形式。邏輯半導體則有安裝在電腦中的英特爾通用CPU，或是像富岳的「A64FX」般，能夠進行超高速科學運算的特殊晶片等，種類多不勝數。

把這些都統稱為「半導體」，就像把大象、獅子、斑馬全部包括在一起稱為「哺乳類」。雖然大聲疾呼讓日本半導體復活，但要讓所有的哺乳類搭上諾亞方舟，航向新天地，實際上應該是難以達成的任務。能夠歷經驚濤駭浪存活下來，茁壯成長的，究竟是大象？還是兔子呢？

形形色色的水平分工玩家

接著，我們把目光移向半導體的製程。將圓盤狀的晶圓加工到幾乎只有指尖大小的晶片，必須經過難以計數的階段。在晶圓上形成電路的「前端製程」，與裁切晶圓到完成晶片的「後端製程」，都還能再區分為更精細的製程。

每一項分工作業都需要相對應的設備，設備種類大略計算也超過上百種。製造半導體不只需要矽晶圓，還需要特殊氣體、特殊化學溶劑、金屬、塑膠等數不盡的材料。

像索思等這類晶片開發、設計領域的無廠企業，也可以進一步細分，如繪製整體電路布線圖、開發設計所需的軟體工具、構成整體電路的標準單元（基本邏輯閘電路）設計……此外，包括英國安謀在內，不製造產品而是販售矽智財（IP）的企業也相當多。

這些都可以統括為半導體產業。提到半導體產業的水平分工，多數人可能會想到設計領域的無廠企業及製造領域的晶圓代工企業，但其實設計與製造領域都分別有更精細的水平分工。本書為了說明得更清楚易懂，而簡化為設計與製造領域，但實際上光是設計領域都還可以再分列無數不同專業的企業。

半導體價值鏈因全球化而分散世界各地，洞悉哪裡才是一劍封喉的關鍵點，才能找到提升日本半導體產業地位的康莊大道。

根據世界半導體貿易統計協會（WSTS, World Semiconductor Trade Statistics）公布，半導體的全球市場規模於二〇二一年超過五千億美元（約新台幣十五兆元），這相當於比利時、泰國等國的一國GDP。

專用晶片：未來最具價值的戰略節點

索思未來科技總營收約一千億日圓（約新台幣兩百二十五億元），如果只看市占率，索思在半導體產業地圖上的規模並不大。在邏輯半導體領域中，生產針對特定需求的專用晶片算是小眾市場。然而，若是把地圖翻到背面，我們可以看見完全不同的風景。

索思在供應商地圖上雖然只是小國，但從使用半導體的消費方地圖來看，索思所處的位置卻是戰略要塞。改變視角，地緣政治就會發生逆轉現象。

舉例來說，我們可以觀察Google、Amazon等巨大雲端企業的產品動向。

蒐集數據的資訊設備不只有手機、平板電腦，還包括智慧手錶、智慧眼鏡等可穿戴式智慧型產品。若是所有資訊都要透過雲端傳輸到資料中心處理，企業將無法提供即時服務給使用者。因此行動式裝置（或邊緣裝置）也需要具備處理資訊的功能，必須搭載高效能的半導體，也就是所謂「邊緣運算」（Edge Computing）的架構。

這種情況下需要的，不是適用於任何工作的通用晶片，比如說智慧音箱就必須搭載智慧音箱所需的專用晶片。美國四大科技巨頭GAFA設置半導體部門自行開發所需的晶片，就是為了這個目的。

不久的未來，汽車產業也將面臨同樣的情況。為了提高行駛性能，必須將動力系統的機械精準度控制在公釐單位以下，且安全配備一定要能瞬間啟動；另外，當自動駕駛真正上路時，汽車就必須搭載特殊晶片，因此汽車製造商也需要開始自行開發半導體。

遊戲及音響影視等領域，未來支援擴增實境和虛擬實境（AR和VR）的影像表現需求將會更普遍。圖像或動畫等二次元的資訊量就已經相當龐大，若是進展成AR和VR，要處理的數據資料更是非同小可。

即使通訊採用高速的5G、6G，網路能處理的資訊量仍有極限，屆時企業將會需要更契合使用者需求的邏輯半導體，遊戲機的廠商也必須自行製造晶片。

企業若打算開發至今仍未開創的新市場，光是購買現成的通用晶片，絕對無法實現預期所需的功能。

這麼一來，半導體將不再只是電器產品的「零件」，而是企業製造的產品中不可或缺的「核心」。但話說回來，並不是所有過去站在使用者立場的企業，都有能力自行開發半導體，企業無法靠單打獨鬥完成，因此需要協力者，也就是「半導體合作夥伴」（Silicon Partner）。

正因為如此，索思未來科技所處的位置極具重要戰略價值。自動駕駛汽車的真正核心，就是內建的半導體晶片。

企業趨向自行開發晶片

索思未來科技是從企業在「構思產品（或服務）」的階段，就開始參與晶片設計，明確定義要賦予晶片什麼功能。

索思會和企業共同作業，包括：設計晶片中每個不同功能的單元，以及利用軟體讓電腦將程式語言轉換成電路圖。像索思這樣能參與新產品或新服務的企業機密，並承攬這類工作的半導體企業，在日本極其少見。據說索思是全球屈指可數的前五名晶片設計企業。

世界對半導體的需求正在轉變，以往屬於晶片買方的企業只把半導體視作零件，現在已經開始加速邁向親手設計半導體的趨勢。企業領頭羊GAFA、特斯拉科技等，都擁有自製半導體的部門，自行雇用設計工程師。如果企業期待能儘早開發想要的晶片，卻沒有可信任的外部半導體廠商，就只能自行開發，因此有必要從半導體界挖角人才。

蘋果正是擁有強大半導體部門的企業典型，他們能自行開發iPhone智慧型手機晶片，因此能實現iPhone的各項功能。

更進一步來說，蘋果一開始就能預估製造技術進步的速度，知道在哪個時間點能製造出半導體晶片，並使用該晶片吻合最終的產品設計。蘋果不光具有技術競爭力，更是擅長管控時間的企業。不過，今後企業在晶片設計領域或許仍必須走向水平分工。

以索思的情況來說，現在所設計的晶片，是為了四、五年後問世的產品或服務。至於是什麼樣的顧客委託，必須絕對保密。這就和接受世界各國委託製造晶圓的台積電絕口不提顧客情報是相同的道理，索思甚至必須比台積電更嚴加保密。

然而，委託索思開發晶片的企業有八成都不在日本。這也就意味著，能創造出未來新產品、新服務的企業，日本榜上無名的悲慘現實。

日本能否攻入邏輯半導體市場？

日本半導體產業是在一九八〇至九〇年代達到興盛期，更準確來說，當時日本在記憶體市場占據全球領導地位。日本廠商鑽研記憶體技術，採取從開發到製造都一手包辦的垂直整合型商業模式，大量生產通用晶片而獲得成功。由於電視、電腦等電器的大宗消費者都在日本國內，許多電器產品都需要用到記憶體，使得半導體這個「產業不可或缺的白米」需求擴大。

這令美國某位投資銀行的日籍金融分析師不禁感歎：「（索思）特地在日本設立總部，客戶卻都是外國企業，而且不只有大型企業，還有許多歐美的新創企業為了實現自己的創意而來……。」

日本廠商在記憶體領域累積的經驗，直到今日依然在技術領域占有一席之地，鎧俠在NAND快閃記憶體的市占率為全球第二，另外，東廣島市記憶體大廠爾必達（Elpida Memory, Inc.）工廠所生產的DRAM（動態隨機存取記憶體），對於收購該公司的美國美光科技也有很大的獲利收益貢獻。

今後日本的半導體產業將會怎麼發展呢？在邏輯半導體領域能揚名國際的日本企業並不多。政府積極振興日本半導體產業、提升國家競爭力的討論雖然振奮人心，但其中所指的半導體產業，究竟是指哪些企業呢？

「個人電腦之父」美國電腦科學家艾倫・凱（Alan Curtis Kay）曾經說過：「真正認真看待軟體的人，就應該自行開發硬體。」

這句話中的「軟體」，應該也可以解讀成「創新的事業」吧？

日本以通用記憶體席捲全球市場，但不應該被記憶體束縛住。擁有卓越的技術力及顧問實力的無廠半導體企業，才能抓住致勝的轉機。

布林代數與東芝的技術

一般人都知道數位訊號是由0與1組成，但難以想像半導體晶片實際上如何運作。如果能大致認識數位電路結構，一定有助於理解半導體晶片。

半導體晶片的電路雖然有如迷宮般複雜，但其實完全由幾個基本邏輯運算的電路組合而成。而這些基本的數位電路，是用幾種「邏輯閘（Logic Gate）」來組成不同的電流路徑模式。

邏輯閘分為AND、OR、NOT（及、或、反）三種最基本的數位電路。基本上這三種邏輯閘可以組成所有電路，來包辦所有邏輯運算。

若以人類世界來說，AND就像個性謹慎的人，他的思考模式是「〇〇『而且』〇〇」。當你跟AND對話，AND要求兩者都正確才回答「正確」。由於個性謹慎，所以只要其中一項錯了，他就會說「錯誤」，兩者都錯時，他當然會回答「錯誤」。

數位訊號的1或0，在物理現象來說，就是電流「通過」或「不通過」。以邏輯學的詞彙來表現，1表示「正確＝真」；0表示「錯誤＝假」。AND電路的情況，只有輸入端的兩個數位訊號都是1時，輸出端出現的數位訊號才會是1。

另一個重要人物OR則個性寬容，思考模式是「〇〇『或』〇〇」。談話時，只要有其中一個正確，他就會回答「正確」，當兩者都正確，他當然說「正確」，但遇到兩者都錯時，他自然也會回答「錯誤」。

三人中的NOT則是性格乖僻，對於別人說的話總是持相反意見。聽到對方說「正確」，他會反駁「錯了」，但對方說「錯了」，他又會說「正確」。

數位電路基本上可以想像成是AND（及閘）、OR（或閘）、NOT（反閘）這三人的組合。想像有大量這三人的複製人排列在一起進行傳話遊戲的景象，最後會出現什麼答案呢？

這樣的邏輯運算結構稱為「布林代數」（Boolean algebra），是學習資訊科學時最基礎的理論。電腦的歷史雖然只有六十年左右，但在更早之前的十九世紀後半，英國數學家喬治．布林（George Boole）便發表了這個理論。

到了二十世紀，資訊理論之父美國數學家克勞德．向農（Claude Elwood Shannon）發現開關的電路分析結果，完全符合布林代數原理。

依循這個原理，即使不用紙筆也能進行電路邏輯運算，向農的發現促成了之後電腦的發展。

記憶體元件中，相當受媒體注目的「NAND」快閃記憶體，其實是「NOT AND」（反及閘）的縮寫，指的是「AND加上NOT」的運算（*輸入有0，輸出就是1；輸入都是1，輸出才是0）。

布林代數的邏輯運算是以AND、OR、NOT三個邏輯閘為基礎，NAND則是延伸出的組合邏輯閘。然而，NAND電路其實非常便利，透過適當組合，能模擬出上述三種基本邏輯閘的電路，有「萬用邏輯閘」之稱。

NAND快閃記憶體是東芝技術團隊於一九八七年發表的結構，是能高速寫入資訊、晶片儲存密度也更為提升的劃時代發明。

東芝的半導體部門以高超的技術能力聞名全球。然而，由於假帳醜聞及核能事業的巨額虧損，走上絕路的東芝只好在二〇一七年賣掉最賺錢的半導體部門（*東芝二〇〇六年收購美國西屋電氣〔WEC〕業務巨額虧損，陷入經營危機；二〇一五年更因內部舉報財務報表造假，長達七年財報灌水超過十六億美元）。

之後，東芝半導體部門在國外半導體大廠及投資基金競相參與收購下，納入以美國私募基金貝恩資本（Bain Capital）為主的集團旗下。二〇一九年更名為鎧俠，但股東結構就像經歷多次粉碎性骨折般難以釐清。

從東芝時期而承續的鎧俠，技術能力依然健在，NAND快閃記憶體的市占率僅次於三星，死守全球第二位寶座。只不過，未來將是由誰掌控鎧俠，現在仍難以判斷。

鎧俠究竟會成為投資掛帥，追求利益的基金的犧牲品？還是會被捲入各國政府提高國家安全的一環？鎧俠一路走來步履維艱，起伏多變的身影，和數位電路明朗清晰的運作邏輯背道而馳。

第八章

隱藏的防衛線

神盾戰鬥系統的發射景象。（圖片由美國海軍提供）

以半導體為核心的攻防戰，也在出乎意料的地方擴大戰線。以下就讓我們來一窺這鮮為人知的戰場。

1 「陸基神盾」——舞台幕後的攻防戰

二〇二〇年六月二十五日

日本自民黨國防部會協調會議上，防衛大臣（*國防部長）河野太郎提到決議取消陸上飛彈攔截系統「陸基神盾」的部署時，語帶哽咽地說：

「這項錯誤真的完全無法彌補，我深感抱歉。」

「陸基神盾」部署計畫引起的問題，使得自民黨中泉松司在參議院選舉中落選，不敵主打反對部署陸基神盾的在野黨候選人，河野為此事落淚致歉。

就在前一天的二十四日下午五點，首相官邸召開了國家安全保障會議（NSC），有四位大臣與會，出席者為首相安倍晉三、內閣官房長官（*祕書長）菅義偉、外務大臣（*外交部長）茂木敏充以及河野。由河野說明為何決定停止陸基神盾飛彈攔截系統的部署計畫。

陸基神盾有高度搜索敵軍及情報處理的能力，是能在飛彈飛行中途便從地面攔截的一套防禦系統。相對於海上的神盾驅逐艦，陸基神盾是部署在陸地的飛彈防禦系統。陸基神盾

（Aegis Ashore）的「Aegis」是希臘神話中全能的神宙斯賜予女兒雅典娜的「神盾」；「Ashore」則是「陸地」的意思。

部署軍事配備不僅需要考量防衛能力，也必須檢討籌備成本，並獲得地方政府首肯；同時更牽涉到錯綜複雜的國內政治、日美同盟關係、國防產業的競爭因素等。

是否部署陸基神盾牽涉到多重複雜的層面，不會只有唯一的正確答案。然而，若是單純從陸基神盾雷達系統的零組件來看這個問題，結果將有別於政治盤算，哪個選擇才是上策顯而易見，因為左右日本防衛能力的陸基神盾一大重要因素，在於半導體。

日本防衛省的陸基神盾系統高性能雷達採購，原本預定有兩個候補選項，一是美國洛克希德・馬丁（Lockheed Martin，以下簡稱洛馬）的SPY7，一是雷神公司（Raytheon）的SPY6。

SPY7這個名稱並不是諜報人員的「間諜」，而是依據美軍的武器命名規則識別碼而定，第一個字母指使用場所；第二個字母是裝備種類；第三個字母則是用途。因此，S是水上；P是雷達；Y則為監視之意。

陸基神盾最初決定採用洛馬的SPY7，但是地方擔心與彈體分離的推進器（相當於火箭第一節）會掉落在住宅區，因而反彈聲浪高漲，所以才使前述部署計畫改弦易轍，迫使河野大臣不得不公開道歉。

ＳＰＹ６對ＳＰＹ７：日製半導體的對決

陸基神盾複雜且高科技雷達系統的核心零件，是日本製造商的強項「功率半導體」。據日本國防相關人士表示，富士通曾向洛馬毛遂自薦，而洛馬也曾考慮在ＳＰＹ７使用富士通的半導體，可惜最後功敗垂成。

另一方面，雷神的ＳＰＹ６雷達，雖然直到二〇二一年夏天仍未正式決定要採用哪家公司的半導體，但三菱電機的勝算最大。洛馬對雷神公司之戰，從半導體零組件來看，相當於富士通對三菱電機的日本企業之戰。

左右日本地緣政治優勢的關鍵，很可能潛藏其中。若是雷神的ＳＰＹ６超高性能雷達心臟採用日本的半導體，等於雷神系統納入日本製零組件，日本的立場將完全不同。

政府取消部署陸地飛彈攔截系統、變更為海上防衛系統時，照理說應重新評估海陸的防禦特性差異，再次比較評估洛馬的ＳＰＹ７與雷神的ＳＰＹ６優劣。然而，防衛省卻決定直接將陸基神盾系統原本規畫使用的ＳＰＹ７雷達，裝在海上神盾驅逐艦。

換句話說，防衛省選擇並未搭載日本製半導體的洛馬製雷達，來架構日本對空防衛網。若是選擇雷神的ＳＰＹ６雷達，三菱電機就有機會長驅直入技術核心，這將是日本地緣政治局勢劇烈翻轉的轉捩點。

二〇二〇年十一月二十七日，眾議院安全保障委員會提出了ＳＰＹ７與ＳＰＹ６的問題，翻開議事紀錄來看，當時提出質詢的是立憲民主黨議員本多平直。

「日本防衛省擅自決定採用SPY7的雷達，他們不知有多少次自信滿滿地告訴我SPY7比SPY6更好……。」

本多對於防衛省的選擇提出質疑。

「難得防衛省已經放棄陸上防禦系統，而決定轉成海上，採用SPY6或許更好不是嗎？」

針對這個質疑，時任防衛大臣的岸信夫避開說明決策過程，只是照本宣科唸出事先準備的回應。

「有關SPY6以及SPY7雷達採購案，我們已進行謹慎的評估。討論過後，得出SPY7在許多方面都更加優異的結論，因此決定選擇SPY7。」

防衛省選擇下的戰略考量？

日本防衛省並未公開採用洛馬SPY7雷達的決策過程與理由，更別提他們是否有從技術的安全保障層面，將日本半導體列入考量。

日本的防衛能力絕大部分仰賴美國出口及授權提供的裝備。北韓、中國、俄羅斯等鄰國都在急速開發攻擊力強大的飛彈，因此守護日本的防禦盾牌——美國製神盾系統扮演的角色將更加重要。

波音公司、洛馬、雷神、通用動力（General Dynamics）、諾斯洛普・格魯曼（Northrop Grumman）等美國軍火企業，與美國國防部（五角大廈）同心協力形成軍方及產業聯合陣線，和中國、俄國在技術競爭上短兵相接，激烈交鋒。這些美國武器大廠對日本半導體技術的需求，應當會大幅影響日本對美國的戰略價值。

五角大廈急於確保安全可靠的半導體供應鏈，這條供應鏈上，是否有日本晶片的一席之地呢？

日本企業若能具備他國無法模仿的獨家技術，我相信我們和同盟國美國之間的地位將會改變。即使日本依然仰賴美國的軍事力量，但至少在與國防安全相關的各種場合，日本對美國發言的氣勢能更強而有力。政府應該盡可能掌握更多的半導體供應鏈關鍵點，這是日本必須採取的戰略。

事實上，美軍神盾系列主流採用的雷達並非洛馬SPY7，除了阿拉斯加的陸基神盾採用SPY7，美國海軍與空軍的神盾雷達幾乎都採用雷神的SPY6。搭載日本半導體的雷達若能在全球愈廣泛使用，日本的地緣政治地位就愈重要。

負有守護日本國土重責大任的自衛隊，若能與美軍採用相同的裝備，當然更有助於和美方並肩合作。

二〇二〇年十月一日，日本海上自衛隊的自衛艦隊司令官（海軍中將）香田洋二接受《日經商務周刊》訪談時表示：

「已展現實力的品牌改良車（SPY6），和號稱擁有最佳性能、但其實只出現在型錄上的新款示範車（SPY7），你會選擇哪一種？」

香田洋二不愧是站在國防前線的人物，一針見血的比喻格外有說服力。

2　新加坡的祕密

精準的招商策略

從地緣政治的角度來看世界情勢，首先浮現在大家腦海中的應該是美國、中國、俄羅斯等大國。大國追求霸權，在地圖上相互爭鬥，然而整個世界不是只由大國組成，也有無數小國在大國競爭的夾縫中求生，善用智慧於亂世存活。

正因為小國無法光憑自己的力量改變全局，有時更能退後一步觀察瞬息萬變的世界風景，客觀判斷情勢，而新加坡正是其中的典型。

二〇一八年我拜訪新加坡經濟發展局（EDB, Singapore Economic Development Board）總部，向局長助理克倫・庫瑪（Kiren Kumar）請教有關對外直接投資（FDI）的動向時，他以自豪神情回答：「是ＥＤＢ建設出新加坡！」

「資源、國土、人口都缺乏的新加坡，能在大約五十年間達成飛躍性的經濟發展，你認為原因是什麼？那是因為我們積極接受來自國外的投資，成為國際經濟的核心。我們分析技術趨勢，凝神觀察先進國家的企業動向。正因如此，才能精挑細選及招攬國外企業。」

凡是在東南亞經商的外國企業，對EDB必定不陌生。一旦EDB發現必定有助於新加坡經濟成長的外國企業，就會對該公司績效、技術、財務，甚至組織內部的人際關係，進行徹底分析。

只要新加坡政府確立了招商政策，EDB便會針對該企業需求擬訂招商計畫，然後私下與企業進行祕密交涉。

我曾經為了交換情報與派駐東京的EDB人員一起聚餐。在談話過程中，新加坡的派駐人員以和日本人不相上下的流暢日語，提到某家日本大企業下一任社長人選的話題，他連該企業內部人際關係及組織間的派系鬥爭都掌控得一清二楚，令我十分驚訝。

與其說EDB的職員是政府官員，不如說他們是手腕高超的商務人士更加貼切。其中有一名幹部半開玩笑地說：「我們個個都是業務員。」但我認為他們不是業務員，而更接近情報機構的特務。

用數據保衛國家安全

新加坡政府提供給外國企業琳琅滿目的優渥待遇，包括減免企業所得稅、工業區租金折扣、提供水電等基礎設施、研究開發補貼、人才培育補助等，但EDB的交涉窗口究竟和企業進行什麼樣的交易，完全沒有公開在檯面上。

因此後續跟進的外國企業，並不一定能獲得和其他先驅企業一樣的優惠條件。外國企業只能在EDB攤開的如來佛手心上彼此競爭。

Google在新加坡和台灣都設有資料中心，尤其新加坡設有三處據點，從新加坡往東亞展開區域雲端服務。當日本國民使用Google進行日常網路搜尋時，數據的交換其實頻繁地在日本與新加坡之間往來。

為什麼Google選擇新加坡而不是日本呢？照理說新加坡地價比日本更昂貴，雖然可以列舉出新加坡沒有地震、位於海底電纜中心（參見第144頁圖表4-1）等多項優點，但關鍵性的因素不在Google，而在新加坡政府。

新加坡的重點戰略，就是邀請掌握全球數據的Google前往設立據點。可以想像Google和EDB私下以優渥條件達成祕密協議。

數據資料具有龐大的無形價值，是戰略地位堪比二十世紀石油的重要物資，即使政府不介入數據的內容和處理，只要在國內存放數據，就能為國家提高安全保障。

國家一旦握有數據資料此一貴重資源，對外立場就能更強勢，在貿易、外交等對外談判或許就能位居優勢。萬一新加坡的國家安全遭受威脅，美軍也可能為了防衛資料中心的安全而採取行動。招攬Google，正是新加坡的國家安全保障策略。

新加坡「私下的一張臉」

ＥＤＢ現在瞄準的目標是半導體。

可能很少人知道，新加坡是東南亞最大的半導體生產國。如果說新加坡「公開的一張臉」是銀行、投資基金集結的亞洲金融中心，那麼「私下的一張臉」就是專精於ＩＴ領域的製造業。新加坡電子產業占ＧＤＰ比率８％，其中約八成和半導體產業相關。

新加坡國土大約相當於兩個半的台北市大小，面積狹小卻分布了比例極高的半導體工廠：美國的美光科技在此有三處據點，美國的格羅方德有兩處據點，歐洲的意法半導體、台灣的聯電也都設有製造據點。

其中規模最大的美光科技生產ＮＡＮＤ快閃記憶體，員工人數超過五千。美國格羅方德為僅次於台積電、三星電子，世界排名第三的半導體晶圓代工製造商（*二〇二二年六月被台灣聯華電子超越，名列第四）。這些外國半導體公司光從就業人口來看，對新加坡經濟也有很大的貢獻。

格羅方德執行長湯姆・考菲德（Tom Caulfield），於二〇二一年四月十二日參與白宮召集的「半導體執行長高峰會」隔天，在美國ＣＮＢＣ新聞節目上公布預計在新加坡工廠增加產能的計畫。他說：「我們在新加坡擁有精良的設施，預計在這裡增加產能。」

考菲德表示，新加坡的產值占格羅方德營業額三分之一，為了因應日漸擴大的全球晶片需求，預定在今後兩年內挹注四十億美元，在二〇二三年以前完成擁有最先進設備的工廠。主要的供應對象，將是晶片荒嚴重的汽車產業。

順便一提，格羅方德的主要股東是阿拉伯聯合大公國（UAE）的阿布達比主權財富基金「穆巴達拉投資公司」（Mubadala Investment Company）。穆巴達拉管理資產規模達兩千四百三十億美元，以出資給日本軟銀集團、成為軟銀「願景基金」的主要投資者而聞名。換句話說，美國最大的晶圓代工廠，是由阿拉伯的石油商所持有。

中美對立愈深，新加坡愈具優勢

格羅方德執行長考菲德在CNBC新聞節目的談話中也指出：「全球約70%的半導體是由距離中國不到數百公里的台灣製造，而且完全由同一家公司供應，這對世界經濟而言才是巨大的風險。」

從他這段談話，可以明顯看出美國企圖對抗台灣晶圓代工勢力的態度，他所說的「同一家公司」當然是指台積電。格羅方德於二〇一九年前後，在精細製程的技術競爭方面，曾有敗北給台積電的慘痛經驗（*指格羅方德在專利訴訟大戰中，敗給台積電）。

考菲德內心的盤算，或許是以新加坡為核心重組供應鏈。我可以感受到他想藉由強化新加坡工廠，從台灣手上奪取亞洲王位寶座的企圖心。在他充滿明確意志的發言背後，必然也和拜登政府啟動半導體戰略的企圖有關。

當然，格羅方德未必會維持現行策略來推動供應鏈的重組。主要股東「穆巴達拉投資公司」正在籌備該公司股票首次公開發行（IPO），於二〇二一年十月向美國證券交易委員會（SEC）遞交招股說明書，未來由誰掌控主導權，目前仍未公開。

可以肯定的是，假使格羅方德被其他半導體公司收購或合併，新加坡工廠的戰略價值必定會改變。然而，我相信拜登政府不會容許新加坡半導體工廠落入美國控制範圍外的對手。

從新加坡的觀點來看這個狀況，美中對立愈激烈，新加坡的地緣政治地位便愈占優勢。

戰略性招商而形成的生態系統

攤開截至目前為止EDB招攬的外國半導體企業名單，就能發現新加坡戰略性招商的投資組合。EDB招攬的企業以美光科技、格羅方德等美國公司占比最大，在業界中規模較小的歐洲意法半導體也在招攬名單內，另外還招攬了規模與台積電相距甚遠的台灣晶圓製造公司聯電。

而且，EDB不僅關注半導體產品本身，也網羅了半導體設備製造商。

包括全球最大的設備製造廠「應用材料公司」（AMAT），最大製程控管設備公司「科磊」（KLA），製造薄膜沉積、蝕刻、光阻去除與晶圓清洗等前端製程設備的「科林研發」（Lam Research），以及封裝及測試等後端製程設備的「庫力索法工業」（Kulicke & Soffa Industries）等。

以上都是美國企業，一般消費者可能對這些公司名稱很陌生，但沒有這些設備製造商，半導體產業就無法成立。

很遺憾的，日本的半導體企業並未被納入新加坡的投資組合。

某位ＥＤＢ幹部表示：「我們關注的不僅是半導體製造商，而是全球的半導體價值鏈。」

ＥＤＢ已擘畫完成二〇二一年到二〇二五年的研究開發藍圖，再政策性地投入特定的電子技術領域。

人事成本高、國土狹小的新加坡，難以面面俱到地招攬每個環節的半導體產業，但可以精挑細選出價值鏈上不可或缺的特定技術，採取孤注一擲的策略來招攬企業。相信受ＥＤＢ青睞的企業必定感到驕傲。

現在ＥＤＢ最關注的是哪個半導體領域呢？這位幹部並未告訴我答案，只笑著說：「是一般人幾乎都不知道的小眾技術。」

小國的智慧

相信大家應該聽過新加坡的舊福特汽車工廠，這裡是一九四二年日本陸軍中將山下奉文攻下英軍的地點，現在則是展示日本占領新加坡期間殘酷歷史的紀念館。

進入一九六〇年代，新加坡經濟結構的主軸是服飾及家電產品等勞動密集型產業；一九七〇年代轉型成電腦零件、軟體等技術密集型產業。新加坡政府與時俱進地預測技術趨勢，並耗費巨資投資高附加價值的產業。

十九世紀時，曾是大英帝國東印度公司職員的湯瑪士・史丹佛・萊佛士（Thomas Stamford Bingley Raffles），看出麻六甲海峽是戰略要衝，把通商據點移到馬來半島前端的新加坡，從歐洲航行前來的船舶，若不通過這個狹窄的海峽，就無法進入東亞。大英帝國掐住貿易命脈，藉此將亞洲的制海權握在手中。

現在新加坡ＥＤＢ祭出的產業政策，和東印度時期有異曲同工之妙。只要掐住半導體供應鏈的某個咽喉點，就能提高國家的存在價值。不仰賴軍事力量就守住獨立地位，是小國的國家安全保障智慧。

而新加坡現在最密切關注的，正是半導體。

3 祕境高加索的矽山

鮮為人知的ＩＴ國家

夾在黑海與裏海之間的高加索地區，聚集了五十種以上不同語言、文化、宗教的民族，堪稱「地球上民族最多樣化的區域」。高加索位於東西向與南北向的貿易路線交會處，是絲

圖表8-1　高加索地區鮮為人知的IT國家亞美尼亞

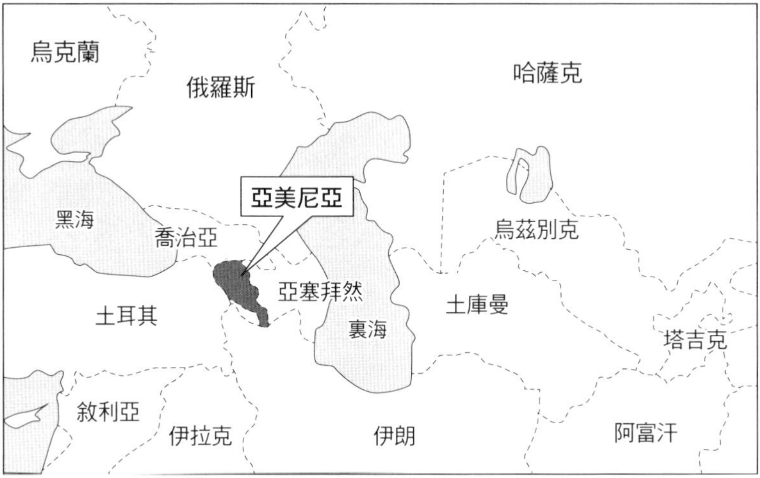

綢之路的要衝，一直以來大國的侵略與紛爭始終層出不窮。

日本因為距離遙遠，多數人不太認識高加索，這裡雖然看似與國際經濟沒什麼關聯，若從半導體地緣政治角度來看，卻絕對不能漠視。因為蘇聯時期專精電子、電機產業的亞美尼亞共和國就位在這裡。

高加索地區有三個獨立國、三個實質獨立國、十一個非獨立的自治區。受到國際認定為獨立國家的是喬治亞、亞塞拜然、亞美尼亞這三個國家（參見圖表8-1）。

亞美尼亞是鮮少人知的IT國家。有別於石油、天然氣等天然資源豐富的亞塞拜然，以及占地利之便成為交通樞紐及物流重鎮的喬治亞共和國，亞美尼亞缺乏優渥的天然地理條件，因此從過去到現在依然大幅仰賴俄羅斯的經濟，冷戰時期因為蘇聯的計畫經濟而發展出

ＩＴ產業。由於政策後援，資訊科技發達，曾有一段時期被稱為「蘇聯的矽谷」。

一九五五年，在數學家謝爾蓋・梅爾格良（Sergei Nikitovich Mergelyan）帶領之下，亞美尼亞首都葉里溫設立「電腦研究所」，發揮了關鍵的作用。全盛時期約有一萬名工程師和研究人員。一九五九年成功開發出以真空管為主要元件的電腦。

一九六四年，亞美尼亞更進一步開發出使用半導體的電腦。這是蘇聯為了對抗美國ＩＢＭ，推動亞美尼亞研究所進行研究的成果。

就這樣，亞美尼亞負起供應蘇聯各國電子設備的任務。尤其是蘇聯的軍用電子設備，有紀錄顯示三分之一是在亞美尼亞開發、生產。

首都葉里溫繼承了冷戰的遺產，擁有強大的半導體產業基礎，現在至少有一家半導體工廠仍然在進行生產。雖然是人口不到三百萬的弱小國家，ＩＴ領域的就業人數卻多達一萬七千人，截至二〇一九年為止，亞美尼亞約有六百五十家企業，包括新創企業在內則有八百家。

根據世界銀行二〇二〇年一月公布的報告書，亞美尼亞的ＩＴ產品年出口產值，從二〇〇九年的九千四百萬美元（當時約新台幣三十一億元），增加到二〇一七年兩億一千兩百萬美元（約新台幣六十七億元），成長達兩倍以上。報告書甚至指出「亞美尼亞的ＩＴ產業正逐漸融入全球價值鏈當中。」

支撐亞美尼亞ＩＴ產業的大量異鄉人

即使沒有親自走訪過亞美尼亞這個國家，可能也有人發現歐美的電影、小說中，經常出現亞美尼亞人，這有其歷史背景因素。從十九世紀末到二十世紀初，由於鄂圖曼帝國對亞美尼亞發動了大屠殺（種族滅絕行為），大量的亞美尼亞人為了逃離迫害而流亡到其他國家。流亡到北美、歐洲的亞美尼亞人仍然堅守民族認同，形成深刻的集體記憶。離開祖國的移民目前估計約有七百五十萬人。亞美尼亞國內人口不到三百萬，所以在國外的亞美尼亞人達國內的兩倍以上。這群大量流落他鄉的亞美尼亞人會透過投資來支持亞美尼亞的ＩＴ產業。

亞美尼亞人知識水準高且擅長經商，曾有人半開玩笑地把他們和同樣散居世界各地的猶太人進行比較。

有個笑話說，三個一般人比不上一個猶太人；而三個猶太人比不上一個亞美尼亞人。這雖然只是日本麥當勞創辦人藤田田（Fujita Den）在他的著作中提到的一句話，但有其可信度。我們絕對不能忽視亞美尼亞人在歐美社會中的影響力。

構成亞美尼亞ＩＴ產業的多數企業，都是從國外來這裡設廠的電子設備、半導體廠商。其中二〇〇四年進駐的新思科技（Synopsys）格外受到注目。新思科技是來自美國矽谷的企業，主要開發設計晶片時必須使用的電子設計自動化（EDA）軟體，是全球最大半導體設計系統公司，在ＥＤＡ領域獨占鰲頭。

半導體廠商若沒有ＥＤＡ就無法設計晶片，因此，提供ＥＤＡ的企業，可以說位居半導體價值鏈的上游位置。二〇二〇年五月川普政權對華為祭出制裁時，也禁止了美國製軟體的出口，目的就在於斷絕輸出新思科技等設計晶片所需的ＥＤＡ軟體，以擊垮華為的開發能力。川普的策略確實奏效，成功阻斷了華為在半導體晶片的設計、開發道路。（＊美國商務部於二〇二二年八月十二日再祭出管制令，自八月十五日起限制3奈米以下的電子設計自動化〔EDA〕軟體之出口，將嚴重衝擊中國晶片發展。）

ＥＤＡ龍頭企業新思科技很早就進駐亞美尼亞，目前約有一千名工程師。ＥＤＡ排名全球第三的美國明導國際（Mentor Graphics）也緊追在新思科技之後進駐。在首都葉里溫設置開發據點的主要企業還包括：從事與測試、控制、系統設計軟體相關的美國國家儀器公司（National Instruments）（二〇〇五年進駐）、全球最大軟體公司美國微軟（二〇〇六年進駐），以及同樣是軟體公司而位居全球第二的甲骨文公司（Oracle）和全球最大網路設備廠「思科系統」（二〇一四年進駐）。

亞美尼亞的異鄉人雖然已融入歐美社會，但在心理上，亞美尼亞對他們而言並非遙遠的國度。各大公司把據點設置在ＩＴ人才濟濟的國家，可以說是自然而然的結果。

二〇〇一年亞美尼亞政府策畫《ＩＴ產業開發概念》，將半導體設計商務定調為經濟成長的主軸，這是沒有資源的小國在全球競爭中為求生存，賭上生死存亡的產業政策戰略。

地緣政治異常變化，襲擊半導體祕境

堪稱半導體祕境的亞美尼亞，現在發生了地緣政治上的異常變化。

二〇二〇年九月，亞美尼亞和鄰國亞塞拜然發生武裝衝突，亞美尼亞公布的死亡人數高達一千兩百人，衝突起因是兩國爭執納卡（納戈爾諾－卡拉巴赫〔Nagorno-Karabakh〕）主權問題。納卡位於亞塞拜然領土境內，但實際居住人口卻是亞美尼亞人居多。

亞美尼亞和亞塞拜然自建國以來就水火不容。前者是世界第一個基督教國家，後者則是伊斯蘭教什葉派的國度。亞塞拜然主要民族亞塞拜然族在種族血緣上屬於土耳其後裔，和土耳其向來是稱兄道弟的關係。

亞美尼亞人無法忘記一戰期間，鄂圖曼帝國（土耳其前身）發動大屠殺，犧牲了一百五十萬同胞的歷史。

兩國從一九八八年到一九九四年始終處於戰事頻繁的狀態。一九九四年透過俄羅斯調停，終於簽署停火協議。然而，根深柢固的民族對立並沒有因此煙消雲散，直到現在兩國都仍是一觸即發的狀態。

眺望兩國對立背後的舞台，亞美尼亞背後有俄羅斯相挺，而為亞塞拜然撐腰的則是土耳其。亞美尼亞境內有俄羅斯軍隊的基地，接受俄國武器供應，土耳其則把敘利亞傭兵送到亞塞拜然前線，使用無人機發動攻擊。

代理戰爭：半導體性能決定勝負

二〇二〇年九月亞美尼亞與亞塞拜然的武力衝突，染上俄羅斯與土耳其代理戰爭的色彩。

兩國從十六世紀開始，就針對黑海與伊斯坦堡海峽的制海權一再爭戰至今。高加索是俄羅斯南下政策的要衝。俄羅斯從黑海克里米亞半島的軍事據點，穿過伊斯坦堡海峽與達達尼爾海峽，就能抵達地中海。

與俄羅斯敵對的土耳其，則是美歐的軍事同盟、北大西洋公約組織（NATO）的成員國。以高加索為舞台的民族對立，至今依然看不到終結的一天。同盟國亞美尼亞的ＩＴ產業，絕對是俄羅斯想納入囊中的寶貴資產。二〇二〇年武力衝突的導火線，或許正是俄羅斯為了強化影響力而採取行動。

另一方面，從亞美尼亞的立場來看，占據國內ＩＴ產業多數的美國直接投資企業，成為維繫國家自立自強的後盾。而從外部給予亞美尼亞支援的，則是位在美國華府的亞美尼亞移民遊說團體，該團體一再展開強而有力的遊說行動。

美國川普政權雖然曾短暫表現出支持亞塞拜然，但二〇二〇年十月卻公開表示和亞美尼亞合作。在兩國衝突發生後更表明：「我們將緊盯著這場紛爭。」暗示美國將視情況介入的可能性。

二〇二一年四月，拜登更首次以美國總統的身分發表正式聲明，將土耳其前身鄂圖曼帝國對亞美尼亞大屠殺的歷史定義為「種族滅絕」。這無疑形同美國公開表明支持亞美尼亞。

舞台幕後的玩家，並不僅止於此，土耳其背後有以色列軍事支援亞塞拜然，提供偵察無人機、自爆式無人機等高階武器。猶太人及亞美尼亞人遊說團體也在華府針對美國政府究竟該採取怎樣的高加索政策，展開了更激烈的遊說競爭。當然中國也不可能默不吭聲地作壁上觀，因為中國曾提出數位絲路構想，也一直企圖提高對中亞、東歐的影響力。

以色列提供給亞塞拜然的無人機武器，搭載的是以色列製的晶片，能精準地擊毀目標，令俄羅斯製的亞美尼亞戰車部隊完全招架不住。

這場戰鬥的幕後主角，也是半導體。

自給自足：普丁的半導體戰略

我手邊有一本標題為《二〇三〇年前俄羅斯聯邦電子產業發展策略》（Development Strategy of the Electronic Industry of the Russian Federation Until 2030）的俄語文件。

翻開文件，一開頭就指示：「俄羅斯聯邦工業貿易部（MITRF）將與其他行政機關合作，監督電子產業的策略施行狀況。」日期是二〇二〇年一月十七日，有俄羅斯總理米哈伊爾・米舒斯京（Mikhail Vladimirovich Mishustin）的署名。米舒斯京由總統弗拉迪米爾・普丁（Vladimir Vladimirovich Putin）提名，於五十五歲時從稅務局局長拔擢為總理。

這個策略中附有「行動計畫」，將諸多具體目標統整為國家級計畫。內容詳細列舉出電子產業在二〇三〇年前占GDP比率應提高至3.5%、俄羅斯企業在國內市占率提高到59.1%等各項數值。由於沒有記載過去的數據資料，難以判斷計畫的務實程度，但至少可以看出俄羅斯政府非常重視技術領域。

半導體是整個計畫的核心，例如在技術精細化方面，文件中清楚寫著「開發電路線寬5奈米的產品」，這個目標足以匹敵全球最領先的台積電的技術。此外，文件還載明了二〇三〇年俄羅斯應重點開發的領域，更詳細地列舉結合光訊號與電子訊號的光電融合晶片、垂直堆疊九十六層的加工技術、IC設計軟體等項目。

尤其不能忽略的，是文件中記述著「生產必須從海外移轉到國內」、「設置專責製造的晶圓代工廠」。可以看出俄羅斯企圖與外國企業透過合資、合作學習技術，在國內構築半導體供應鏈。

俄羅斯以往仰賴國外進口的半導體供應，未來想轉換為自給自足，因此需要在國內建設代工廠，這個想法和美國並無二致。

這項戰略似乎是俄羅斯政府在二〇一九年訂定的，和美中對立達到最高峰的時期重疊。當時美國切斷中國與台灣之間的供應鏈，孤立中國華為的狀況，想必俄羅斯都一直密切觀察吧？半導體供應鏈不僅開發、設計，製造也是一大關鍵，俄羅斯一定體會到國內若無晶圓代工廠，就無法建構起獨立自主的半導體產業。

俄羅斯境內的半導體開發據點鮮為人知。位於莫斯科的研究開發企業——莫斯科中央科技公司（MCST, Moscow Center of SPARC Technologies）自主研發有別於英特爾或超微（AMD）設計概念的CPU，名為「Elbrus」處理器。二〇二〇年發表的最新型號是以16奈米製程打造，用於超級電腦及軍事用途。

附帶一提，公司名中的「SPARC」是因為使用了美國昇揚科技（Sun Microsystems）開發的SPARC指令集，用於操作晶片。但目前俄羅斯採自行開發晶片的模式，和昇揚的關係不大。

MCST是在蘇聯剛解體後的一九九二年三月成立的，前身是供應蘇聯軍用電腦的國營企業。考量蘇聯在冷戰時期和美國之間爆發的技術競爭，不難想像俄羅斯在資訊工程領域，應當累積相當大量的人才與研究成果。不論是飛彈的彈道計算或太空火箭的控制，MCST當時可說是全球最先進的研究單位。

Elbrus晶片因為資訊處理方式特殊，不易遭駭客入侵，是資安防護十分嚴密的晶片。俄羅斯不計成本持續開發的理由，似乎就在這裡。

然而，俄羅斯即使能設計晶片，卻未必能製造出來。俄羅斯該如何規劃半導體產業的未來？

MCST是無廠企業，Elbrus晶片製造則委託國外代工，委託對象是台灣台積電。可見不僅美、中兩國，就連俄羅斯也要仰賴台積電。

從俄羅斯二〇一八年的貿易統計來看，IC（積體電路）、電子載板、電阻器、電晶體、二極體等電子零件最大進口國家是中國，其次是台灣。其中應該也包含俄羅斯開發、由台積電代工的晶片。

據說有一位狂熱的收藏家，會在二手電器用品中四處尋找一九七〇年代的蘇聯製晶片，晶片上粗獷的工法帶有俄羅斯的復古風情。

看了他的收藏，就能了解過去蘇聯在各地設立的半導體工廠。晶片表面註明的生產地，包括喬治亞、拉脫維亞、愛沙尼亞、烏克蘭等超過十個地點。其中擔任核心角色的據點，是位在莫斯科郊外的Zelenograd綠城特別經濟園區。直到冷戰結束前，都擔負著「俄羅斯矽谷」角色，但隨著蘇聯解體後，工業區也隨之封閉。

現在的綠城特別經濟園區，有微米（Mikron Group）及埃米（Angstrom-T）兩家半導體廠。俄羅斯政府為了擺脫對台積電的依賴，似乎計畫把Elbrus晶片的生產從台灣轉移到微米（Micron），有消息傳出，俄羅斯二〇二一年已經開始在國內製造一部分的晶片。

話雖這麼說，二〇二二年預定開發完成的新型Elbrus晶片，據傳是以最先進技術的7奈米線寬設計。然而，能以這個水準製造的，目前只有台積電及三星，微米（Micron）的實力還無法確定，俄羅斯要迎頭趕上亞洲的晶圓代工並非易事。

除了綠城特別經濟園區，從莫斯科往東、大約一小時飛航距離的下諾夫哥羅德（Nizhny Novgorod）市，俄羅斯政府也在這裡設立IT產業據點，積極招攬外國企業進駐。目前有美國英特爾、中國華為，以及被韓國三星電子收購的美國汽車電子大廠哈曼國際（Harman International Industries, Inc.）等企業，在此設置研發據點。外國企業設立據點的目的，意在借用俄羅斯的IT人才。

曾是軍事技術先進國家的俄羅斯，擁有大量IT

人才，主力在軟體開發領域，工程師人數約達十萬人，僅次於美國、印度，居世界第三名。加上人事費用低廉，企業在莫斯科僅需東京一半左右的薪資就能雇用到工程師。

因為這個緣故，俄羅斯國內形成外國企業與俄羅斯政府競相爭取人才的奇妙景象。

終章

迎向未來的日本策略

IBM的量子電腦。（© IBM Research ／ Flickr）

傳統的地緣政治學是以擴展國家領土為目的，對戰略地理條件進行研究分析。隨著網際網路的出現，名為網路空間的新戰場於焉誕生。一如真實世界中為了爭奪領土而有陸海空攻防戰，意圖在虛擬世界的新戰場上爭取霸權的國家，同樣也展開了角逐戰。

戰爭不是只有以槍械砲彈奪取人命，網路攻擊的威脅有時更甚於具體的戰事。為了避免受他國支配，國家與企業該堅守的是什麼呢？其中一個答案就在半導體。

在供應鏈爭奪戰日趨激烈的情況下，日本必須找出得以生存的條件。

1 跨太平洋半導體同盟

國防單位不為人知的任務

新冠疫情延燒期間，我從訪日的美國外交官口中聽到一件事。

美國國防部的技術開發部門，定期會派遣技術專家到日本。但是這些專家拜會日本防衛省（*相當於國防部）及外交、國防等相關政府單位時，都如蜻蜓點水，真正積極拜會的，其實是日本企業。他們以電機廠商為重點進行拜訪，為的是聽取企業正在開發什麼樣的技術、採取哪些資安對策。據說有時技術專家在短短的兩、三天停留期間，就匆促拜訪超過十家以上的公司。（*二〇二二年八月美國眾議院議長裴洛西〔Nancy Pelosi〕以及美國國會代表團訪台時，皆曾與台積電代表會面，討論半導體供應鏈與投資。）

「這是大約持續十年左右的拜會模式，不過，第二次安倍政權做出『防衛裝備移轉三原則』的決定後（＊即大幅放寬日本武器和軍事技術的出口規定），美國在資訊蒐集方面變得更加積極。」

在二〇一四年四月的國家安全保障內閣會議中，訂定了與防衛相關的日本技術移轉到海外的規範，根據這些規範，美國更容易協助日本企業。

美國國防部負責人所做的，是定期確認日本企業擁有的技術，根據蒐集到的資訊，在華府畫出全球的技術地圖。就像軍隊作戰時，地勢圖與航線圖不可或缺一樣，要擬訂安全保障相關的技術戰略，需要最新的技術地圖，而日本企業在這張圖上占有一席之地。

需要制定新的國際規範

美國從台積電與海思半導體的貿易中學到教訓：讓供應鏈完全放任自由市場發展，無法守護國家安全。既然半導體是戰略物資，政府就有必要知道所在位置，介入其中交易。

日本必須在接受這個價值觀的前提下與美國合作，守住關鍵技術。話雖這麼說，但若把整個供應鏈的管理完全交給美國，日本將會處在更弱勢的立場。

即使是對同盟國，把王牌全交出去也不是好戰略。「勢力均衡」的同盟關係，才是技術安全保障的基礎。當然前提是日本必須具有能作為王牌的技術。

我直接請教一位在政府機關負責戰略物資管理的校友，得到以下的回答。

「比方說名不見經傳的中小企業，擁有開發量子電腦用的晶片中絕對不可或缺的技術。……你問我什麼樣的技術？那當然是撕爛我的嘴巴也不能說啊！」

關鍵的王牌當然不能對任何人說，更別說對新聞記者，沒有說出去的道理。

然而，以貿易立國的日本，不能只考慮安全或保密，也應從貿易政策的角度來思考半導體策略。如果只想用「管理貿易」（manage trade，或稱「協調貿易」）來取代自由貿易，很可能會導致企業活力的喪失。

也就是說，日本應當在堅守自由貿易原則的同時，巧妙結合國家安全策略。我們需要的是新的國際規則。日本應該為此採取什麼樣的策略呢？

鎂光燈再次轉向TPP

二〇二一年九月十六日，中國正式提出書面申請加入TPP。TPP的正式名稱為「跨太平洋夥伴全面進步協定（CPTPP）」。美國川普政府退出後，成為由日本主導統整，也就是所謂的TPP11。

雖然我不認為中國申請加盟能輕易通過，但美國朝「管理貿易」傾斜，強迫他國接受自定遊戲規則的情況下，正好讓中國趁機高舉自由貿易大旗加速行動。

一星期後的九月二十二日。這回是台灣彷彿擔心被中國超車般，申請加盟TPP。

台灣方面，行政院政務委員、經貿談判辦公室總談判代表鄧振中在記者會上表示：「中國一直阻撓台灣參與國際組織，如果中國先入會，台灣的申請案將有明顯風險。」以往台灣對於自由貿易協定鮮少發聲，這回卻以迅雷不及掩耳的速度站上舞台。

台灣位居半導體供應鏈的要衝，台積電作為全球最大晶圓代工廠，讓美國和日本頻頻熱情招手。台灣也意識到自身在地緣政治上位居更有力的地位，此時申請加入顯然是精心研擬的外交策略。

英國則比中國與台灣更早一步，從六月起就正式針對加盟TPP展開談判，可以看出英國在脫離歐盟之後，不必受歐盟束縛，積極端出屬於自己的貿易政策。

英國的自信，和握有半導體上游主導權的安謀（ARM）多少有關。英國對海外出口的工業產品雖然不是很多，但ARM的半導體IP供應外國企業使用專利權，就是肉眼看不見的出口服務。

不僅貿易政策，英國海軍的航母艦隊於九月底進入南海，以台灣周邊海域為目標而北上。過去曾是世界霸權的英國，正在加強與亞太地區的聯結。

拜登政府不可能對這個情形視而不見。TPP原本就是同屬民主黨的歐巴馬政府所提出的構想，雖然川普破壞協定而突然退出，但國務院及美國貿易代表署（USTR）都出現再次加入的強烈聲浪。只是過去拜登所處的政治局勢還不容許返回TPP。

從拜登的角度來看，再次加入TPP的理由，可以說意外地從天而降。這將成為說服民主黨內的左派及保護主義勢力的理由：「難道就這麼讓以中國為中心的自由貿易議題進行下去嗎？你們可以接受這種情況嗎？」

ＴＰＰ很有可能成為美、中、歐、台灣多方角力混戰的激烈戰場。在美國退出之後，由日本主導的ＴＰＰ將成為爭奪亞太地區霸權的舞台。

這樣的發展，對於二〇二一年輪值ＴＰＰ主席國的日本，或許反而是站出來主導這個舞台未來發展的絕佳機會。自由貿易的秩序，並不是協商出一份協定就算大功告成，日本不該把期待放在美國國會是否賦予拜登《貿易促進授權法》（TPA, Trade Promotion Authority）的對外談判權，畢竟通過的機率雖不是零，但也無法確保成真。真正的勝負從現在開始。

該怎麼讓爭相登上舞台的玩家，制定新的國際規範？日本站在ＴＰＰ11催生者的立場，應該能夠迅速接二連三地提出構思，引導各國討論。只要能開始上演令人感興趣的戲碼，想必美國就不會再甘心坐在觀眾席上，必定會企圖再次登上舞台。

QUAD→半導體同盟→數位TPP

二〇二一年九月二十四日，日本、美國、澳洲、印度等四國，在華府初次召開面對面的「四方安全對話」（Quad, Quadrilateral Security Dialogue）領袖高峰會，同意在尖端技術領域互相合作。半導體是會中一大焦點，四個民主國家將互助合作，建構穩定的半導體供應鏈。

雖然沒有明說，但共同防範中國在印太地區的威脅是主要目標，這是隔週決定退位的菅義偉首相最後繳出的外交成績單。

原本就是美國同盟國的日本、澳洲自不在話下，印度和美國在軍事上並沒有合作關係，但四國仍在尖端技術上合作，就是因為看穿技術戰略和軍事戰略具有同等價值。

半導體是「武器」，在半導體供應鏈上合作，就是地緣政治學上的國家戰略，不僅目前的四個成員國，可以預見未來必定會有更多國家參與組成「半導體同盟」的合作關係。印度－太平洋地區，尤其是環太平洋中的南海，將成為主戰場。

美國國防部相關人士在討論半導體時，有兩個關鍵字經常掛在嘴上，也就是「Trusted Foundry（可信賴晶圓廠）」，以及「Zero Trust（零信任）」。

第一個關鍵字的思維是一開始就指定「只要在這裡生產的晶片就能信任」的工廠。第二個關鍵字則是在調配材料或使用通訊網時，一開始就要先考慮「違約」等風險的可能性。

儘管國防部最重視的是能夠用於武器的高階技術領域，但從美國整體的角度來看，確保供應鏈的可信任度，絕對是美國的優先政策。政府必須加強管理一般工業產品通用的半導體產業鏈。美國即使已經掌握7奈米以下的最先進技術，但如果繼續依賴中國生產和供應使用量最大的10奈米以上晶片，將是本末倒置。

過去三十年進展到現在的國際水平分工，如今正在發生巨大的改變。我們現在正位於全球化樣貌不變的歷史轉捩點。

如果只是對美中貿易戰作壁上觀，環太平洋將陷入霸權競爭的泥淖。必須有更多國家共同努力，相互協談而訂出國際規範。TPP應該要成為這個基礎。只要能站上形式已定的舞台，中國就不能任意憑好惡輕舉妄動。

另外還需要分割出數位領域，建構「數位TPP」新框架的提案。這個部分必須有台灣和韓國這類半導體供應鏈重點國家的參與，同時也不能少了美國的回歸。日本能否向世界展現我們寫出這個腳本的能力呢？

2 晶片的繪製、製造、使用

美國政府招攬台積電及三星電子到國內設廠，試圖阻斷技術移轉到中國，就是為了盡可能在美國境內達到半導體的供應生產。遺憾的是，現在的日本沒有能力和美國採取同樣戰略，主導市場的走向。

在全球價值鏈中，盡可能控制更多要衝，站上讓中國及美國都無法漠視的地位，應當是最實際的路線。

因此，一定要看清楚哪一項技術才是致勝的關鍵，先正確理解日本的優勢與劣勢，然後才能擬定腳本。

三類技術特性

雖然半導體的價值鏈相當繁複，但如果去除旁枝末節，可以就技術面大分為三類。第一類是畫出半導體圖面的「繪製」技術；第二類是「製造」半導體的技術；第三類是「使用」半導體的技術。

設計晶片內容的無廠企業就像是建築設計師，工作是以奈米為單位畫出精細的電路，充實一顆顆晶片的功能。

為了精準有效地完成設計圖，需要專門的軟體，也必須購買零組件製作出的大型電路圖。提供這些設計軟體及基本電路圖的企業，都可以分類在「繪製」技術項目，這是第一種領域。

根據完成的設計圖來實際製造產品，是第二種領域。如果說繪製設計圖的是建築設計師，承接製造的晶圓代工廠就像是泥作和木作等工匠。不論設計圖多麼出色，如果工地的施工技術拙劣，就蓋不好房子。工匠不但必須思考搭建順序，也需調度必要材料等工程管理的工作。

半導體的製造大致分類就有二十項以上的工序，每個工序都需要不同的製造設備及材料供應商，也就是如同提供鐵鎚、木材、瓦片等工具建材給工匠的企業。和晶片製造相關的企業，都歸類為「製造」項目。

但是，我們別忘了究竟是為了什麼而製造半導體晶片。是為了控制汽車引擎？還是要搭載新型智慧手機？如果沒有先確定用途，就無法知道該製作什麼樣的晶片。

潛藏在家庭或工作場所的問題是什麼？製作解決問題的產品或服務，該使用什麼功能的晶片？企業需要具備洞燭未來的眼光，發現潛藏的社會需求。

調度完成品的晶片就像購買成屋，但生活方式每個人都不相同。為了想要住得長長久久，所以想建造適合自己的房子。就如同建築師及木工有手藝好壞，接下來「使用」房子的屋主，也有能力差異。

檢視三類企業地圖

只專注在「繪製」、沒有工廠的無廠企業，這類企業包括高通、輝達、海思等。設計基本結構圖及基本電路設計圖，以提供專利權銷售矽智財（IP）的安謀（ARM），也分類在這個類型。日本在這個領域並沒有強大的企業。

「製造」的代表企業，有台積電及三星電子；提供這些晶圓代工廠製造設備的供應商，有美國應材（AMAT）、東京威力科創；材料、零件領域則有矽晶圓基片廠信越化學、ＩＣ基板大廠揖斐電（IBIDEN），這兩家都是日本企業。

因為製程分工精細，以致企業數量繁多，是這個領域的特徵。日本在這個項目很強。

至於「使用」半導體的企業，首先浮現腦海的則有包括Google、Amazon在內的ＧＡＦＡ，豐田汽車、特斯拉等汽車廠商，以及蘋果、微軟等資訊終端大廠的名字。過去這些購買現成晶片的使用者，也都逐漸自行設計晶片，轉變為半導體產業的一員。

由於半導體晶片的用途無窮擴展，或許連傳統製造業也會紛紛加入這個領域。例如豐田，正是從汽車大廠同時跨業為半導體企業。

歸納出日本的必備戰略

以上所列出的三種分類當中，哪一種的附加價值及獲利率最大呢？今後，日本不得不思考在哪個領域能夠發揮優勢。

例如日本雖然在製造設備及材料領域有競爭力，但這些都只是「製造」類型的企業。雖然這類製造設備和材料大廠擁有其他公司模仿不來的優秀技術，確實可以成為供應鏈中的重要環節，然而，從產業特性來看，並未改變處於附屬的地位。台積電若是在亞利桑那州設廠，相信包括日本企業在內的多數供應商都會進行「附帶投資」。

換句話說，即使目前日本國內的設備、材料廠實力堅強，但缺少最關鍵的代工廠，日本的半導體產業就難以復甦。招攬台積電在熊本設廠的產業政策雖然正確無誤，但能否以台積電為核心而吸引其他供應商卻是未知數。

美國搶先招攬台積電及三星設廠的策略，成功的原因不僅在於補助款，國內廣大的市場才是最大要素。擁有眾多「使用」半導體技術及敏銳度的企業，是美國的優勢。

只要有「使用」，自然而然「繪圖」就能發達，「製造」也會隨之興起。在擁有資料中心的GAFA、特斯拉等汽車領域大廠，以及針對消費者開發AI終端的企業的帶領下，美國成為創新商業思維的沃土。

「要是有這樣的晶片就太好了」因而起心動念的創業家精神，或許可以說是美國吸引力的本質。可以說，美國之所以能持續成為地緣政治上的強國，並聚集蓬勃發展的半導體產業，正是因為美國擁有無數創投公司和新創企業。

日本具有繪製設計圖的能力，製造領域也非常出色。然而，日本在「使用」方面仍處於開發中國家的階段。半導體產業的復甦，取決於位在「使用」這端的企業對未來社會的預視和想像。

3 「矽周期」：半導體的景氣循環

必須跨越的高牆

我們不妨從商務層面來思考日本半導體產業復甦的條件。首先必須了解半導體產業有幾道難以跨越的高牆。

第一面高牆是這個產業所特有、反覆出現景氣榮枯循環的「半導體矽周期」經驗法則。這種現象相當棘手，就如同需求與供給的你追我趕般，大約每四年會面臨一次矽周期。

發生這種循環的機制眾說紛紜，最根本的可能是因為光是建造一處工廠就要花費上兆日圓，而且零件、材料、機器設備的供應鏈複雜所致吧？

半導體廠為了回收巨額投資的成本，盡可能期望維持產能，因此一旦市場需求降低，庫存將一口氣上升，以致發生價格暴跌，營業額下滑。當需求再次來臨時則又必須投資設備，然而等一、兩年後建設完成，工廠開始運作之際，需求再次降低……就是這樣周而復始。

半導體廠商無法敏銳地調整生產，不只是因為無法準確預測需求，也因為牽涉到眾多的零件、材料供應商，使得半導體廠商在運作速度上快不起來。

例如生產晶片所用的載體：晶圓（Wafer）。

景氣好時，半導體廠雖然希望多調度一些晶圓，但第一層的晶圓製造商並不願意承擔增加投資設備的風險，因此使用現有設備再怎麼卯足全力生產，供應量仍然有限，便導致了晶圓價格上揚。為此困擾的半導體廠只好連未來的需求量也先預訂，以確保供貨足夠。

而供貨給晶圓製造廠的第二層廠商同樣也包括許多材料商，同樣必須面對類似的狀況，各個企業在調整產能發生時間滯後（lag），難以百分之百配合晶圓廠。

到了第三層供應商，究竟在哪裡發生什麼狀況，從半導體廠的角度已完全看不見。

全球性的巨大浪費

這麼一來，就像是日本澀谷車站著名的「全向」（*又稱行人保護時相、行人專用時相）十字路口，當行人號誌燈一變換為綠燈，人潮就從四面八方湧出穿越斑馬線的狀況。有些人在號誌變黃時就連忙穿越馬路，有些人則不慌不忙保持原本的步調移動，因此即使號誌燈已變成紅色，人潮也不會分秒無差地立刻停下。

半導體設備製造商所面臨的就是這種狀況。設備製造廠必須使用大量零件來生產，但零件生產周期各自不同，有些零件開發甚至需要花費兩、三年的時間，因此，即使半導體廠商提出「因為要增加產能，所以現在就給我製造設備」的要求，設備製造廠也無法爽快答應：「好，我立刻供貨。」

因此，有時半導體廠即使無法確信用不用得上，還是必須先買下製造設備。據說曾發生過最極端的案例是支付巨額購買的設備，實際上卻不曾使用過。

供應鏈就像這樣會在各個環節時不時產生阻塞點（choke point）。半導體廠即使有自己的工廠，也無法完全控制生產量能夠始終如預期那樣平順。儘管有許多產業領域都需要半導體，但因為供應鏈的組成相當複雜，所以半導體廠的煩惱可說是無窮無盡。

從宏觀角度看，這意味著全球性的、大量的浪費正在發生。

在人類必須聯手邁向綠化的時代，半導體產業卻因矽周期循環，形成能源浪費的結構。

倘若人類社會持續數位化發展，半導體需求也將持續增加，而因為周期循環所造成的能源浪費，將會變得無比嚴重。

說得誇張一點，半導體可能毀了地球。

抑制周期發生的可能

那麼，若是能消除矽周期的話……。

如果充分利用大數據分析供需，或許可以抑制週期的發生。預估到了二〇三〇年，應當可以透過AI精準地掌握零件和材料的流動。

因為無法看見供應鏈整體樣貌，個別企業對風向的了解也就十分有限。如果半導體產業也有能預測並提醒天氣變化的氣象站，廠商或許就不會手忙腳亂。「那一帶會下局部暴雨」、「這裡會颳強風」、「這裡最好回轉，改走那一條道路比較好」、「在這裡等一小時左右就能順利前進」。

政府不應該針對半導體的流程或設備投資制定規範，但應該要提供指導方針。一旦半導體氣象站能描繪出完整的衛星雲圖並發送資訊，企業或許就能減少不必要的浪費。

摩爾定律，挑戰消耗電力的高牆

半導體產業另外一個必須挑戰的高牆，則是「摩爾定律」（Moore's Law）。晶片上的電晶體密度每隔兩年就會增加一倍的經驗法則，是一九六五年英特爾創辦人戈登・摩爾（Gordon Moore）提出的假設。

根據摩爾定律，過去五十年期間，晶片密度呈飛躍性成長，但精細化的技術已即將來到極限。台積電走在最前端，線寬從7奈米、5奈米、3奈米到2奈米，愈來愈精細，但這已經到了比病毒更小的世界，即使能夠更精細，應當很難維持品質穩定的良率。

因此受到期待成為突破口的，就是將電路採3D矽堆疊的3D立體封裝技術（3D Fabric）。第三章訪問的台積電資深副總經理侯永清，他在和東大黑田教授帶領的團隊進行合作計畫時曾說：

「常有人說摩爾定律已走到極限。但我們不以為然，只要3D技術能進步，就還能再提高密度。日本在這個領域十分傑出，所以我們才選擇和東大合作。」

晶片設計不再只是傳統的2D電路平面整合方式，而就像蓋二樓、三樓，甚至高樓大廈般來設計電路。因此，必須超越截至目前為止的凝態物理、無機化學、電磁學等工學半導體技術框架，綜合所有基礎科學的知識經驗。曾是半導體王國的基礎研究培養土，就在日本。

據黑田表示，關鍵就在於記憶體和處理器（運算元件）之間交流數據所需移動的距離。

「與其到圖書館借書，如果書本就放在二樓的書房，不是更快更輕鬆嗎？」

傳送數據不僅為了「快速」，更要求作業過程「輕鬆」。因為距離縮短所以不必弄到汗流浹背，耗費的精力也會更少。換句話說，就是不需消耗多餘的電力。3D晶片也是一種綠能晶片。

你是否曾有過在訊號微弱的場所，或是下載影片時間較長時，手中的手機變得滾燙而慌張的經驗？當內建晶片處理的數據負荷過大時，電力就會轉化為熱量，而無法用在計算上。

就像人類用腦過度一樣。

僅只是一枚小小的晶片，產生了這麼高的熱度，若像資料中心那樣龐大的電力消耗量，高溫將更非同小可。在資料中心集中的地區，消耗的電力據說有如好幾所大型火力發電廠的規模，簡直像抱著火球。

若是在日本的3D晶片研究能開花結果，或許就能打破第三道「電力消耗的高牆」，而這也將是拯救地球免於毀滅的技術。

後記

我受到半導體主題的吸引，是在剛入社還是個菜鳥記者的時候。當時負責跑科學技術相關的新聞，經常到企業的研發中心或大學院校，採訪那些研究如何提高電路密度的研究人員。

當時我聽某位大學教授提起「有企業正在製造超大容量的記憶體」，我便趕緊進行採訪，整理成報導，那是我第一次登上《日本經濟新聞》頭版的報導。我還記得當時寫下第一段「記憶體進入大容量時代」的興奮心情。

雖說是大容量，其實只有1MB。和現在的晶片相比，只有不到萬分之一。即使如此，在一九八〇年代卻屬於劃時代的發明。

當時美日之間因為半導體而產生的貿易摩擦正達到高峰。幾乎每天都從華府傳來制裁、傾銷等聳人聽聞的消息。成為箭靶的企業想必整日戰戰兢兢，但盯著顯微鏡挑戰精細加工的研究人員，卻似乎顯露出一股喜悅。

或許是因為他們自信，認為即使美國施加的壓力十分強勢，日本的技術仍然贏過美國。然而，之後日本便意識到光靠技術無法在國際競爭當中取勝。

日本的半導體產業開始衰退，輸了韓國、輸了台灣，不久後連美國的半導體也開始起死回生。都是因為不平等的《日美半導體協議》而綁手綁腳、都是因為資金不足所以無法投資設備……要找敗退的理由要多少就有多少，然而，「為什麼」的疑問始終在我腦中盤桓不去。

並不是找不到明確的答案。只不過，一九九〇年代當我住在波士華（波士頓－華盛頓）城市帶接觸到美國政治之際，我時常感受到美國有種為了貫徹政策而展現的強韌國家意志。但在日本我卻少有這樣的感受。

每當發生汽車、底片、保險、航空等貿易摩擦，我常為了採訪談判現場而跑遍世界各地。當時的日本官員憑藉踏實的理論及策略推演，讓美國的談判團隊啞口無言。他們的姿態如同武士般威風凜凜，甚至曾有「貿易戰士」之稱。

日本當時連戰連勝，美國甚至無法在汽車談判中祭出制裁手段。美國人被這樣的氣勢壓倒，猶豫遲疑，有時甚至看起來帶著懊惱。如今回想起來，或許他們內心不免懷著「真是被日本人打敗了」的無奈吧？

美日貿易談判掀起猛烈的高潮，最後卻如急流勇退般迅速收場。每當這時候，就會讓人感到兩個國家所守護的價值似乎並不相同。

雖然只有很少幾次，美方認真地對日本動怒，包括阻止日本獨自開發戰鬥機「FSX」

的計畫、東芝機械違反出口管制統籌委員會（COCOM）協定，出口工具機給蘇聯的事件，以及日美半導體摩擦事件，讓我窺見美國展現內在意志的場面。

當時對日本而言，半導體是商務問題，但美國則是為了守護國家，因為美國已經意識到半導體是國力的棟梁。美國利用《日美半導體協議》削弱日本的活力，把賺取的時間用來扶植美國的半導體產業。

一九九六年的談判，日本總算讓美國死心，無法延長協議而獲取勝利。然而，美國的半導體產業當時正值恢復元氣的復甦期。想必美國也有放下胸中一塊大石的感覺，認為「已經沒問題了」，這份協議已經可以功成身退了。

從那時到現在已超過二十年以上，如今我們正目睹美中之間火花四濺般的激烈交鋒。這次因為是價值觀不同的國家對決，和日美摩擦是不同次元的戰爭，美國不再隱藏內心，而和中國的半導體產業採取正面對決。

中國企業當中，也有汗流浹背，努力研發出全球第一晶片的技術人員；台灣也有以精細加工技術持續走在全球前端的精銳智囊團。在看不見盡頭的半導體戰爭隧道中，他們現在有什麼樣的感受呢？

當我試著想像時，一九八〇年代將動態隨機存取記憶體（DRAM）容量提升至1MB的日本企業團隊和研究人員臉孔，就不禁浮現在我眼簾。

本書試著透過半導體的角度，書寫各國爭奪霸權的國際政治角力。

在調查與採訪過程中，也期待能從中發現讓日本半導體復甦的啟發。

雖然不知道能否達成這個目的，但衷心希望我的報告多少能有助於閱讀本書的各位。

承蒙許多未在書中出現的國內外專業人士，在政策、國際情勢、尖端科技、企業經營、經濟史等各個領域給予我協助與建議，因在本書未能道出他們的姓名，請讓我藉此深表感謝。另外說明，書中的敬稱全部予以省略，頭銜則是執筆當時的稱呼。

最後，感謝企畫、編輯本書的日經BP日本經濟新聞出版本部的堀口祐介，如果沒有他的建言及鼓勵，本書就無法完成。

二〇二一年十月　太田泰彥